U0337146

超低温下水泥基材料力学行为与性能演变机理

Mechanical Behaviors and Performance Evolution Mechanism of Concrete at Cryogenic Temperature

蒋正武 著

同济大学 出版社
TONGJI UNIVERSITY PRESS
·上海·

图书在版编目(CIP)数据

超低温下水泥基材料力学行为与性能演变机理 / 蒋正武著. --上海：同济大学出版社，2023.2
ISBN 978 - 7 - 5765 - 0023 - 3

Ⅰ.①超…　Ⅱ.①蒋…　Ⅲ.①超低温—水泥基复合材料—材料力学性质—研究　Ⅳ.①TB333.2

中国国家版本馆 CIP 数据核字(2023)第 032509 号

超低温下水泥基材料力学行为与性能演变机理

蒋正武　著

责任编辑：李　杰
责任校对：徐春莲
封面设计：陈益平

出版发行　同济大学出版社　www.tongjipress.com.cn
　　　　　(地址：上海市四平路 1239 号　邮编：200092　电话：021 - 65985622)
经　　销　全国各地新华书店、建筑书店、网络书店
排版制作　南京月叶图文制作有限公司
印　　刷　常熟市华顺印刷有限公司
开　　本　787mm×1092mm　1/16
印　　张　10.75
字　　数　268 000
版　　次　2023 年 2 月第 1 版
印　　次　2023 年 2 月第 1 次印刷
书　　号　ISBN 978 - 7 - 5765 - 0023 - 3
定　　价　88.00 元

内 容 简 介

极端条件下材料物理与化学是 21 世纪材料学研究的前沿领域之一,具有极大的发展空间。为保证超低温工程结构的服役安全,探索超低温极端条件下混凝土的力学行为及其微观机理十分必要。

本书在全面论述超低温混凝土研究最新进展的基础上,从理论和技术角度系统阐述了混凝土在超低温及其冻融环境下的力学性能、热工性能及微观结构的演变特性,尤其创新性地提出了超低温下孔结构测试方法、光纤光栅温度变形测试方法等。本书基于材料学、物理学、化学、力学、土木工程等多学科的交叉融合,将专业理论基础与专业实践知识有机结合在一起,具有科学性、知识性、先进性与应用性。

本书可供土木建筑、港口水运、水利工程、建筑材料、工程管理等专业从事水泥基材料科学研究、教学、设计、施工、生产应用等科技人员以及高等院校师生参考。

作 者 简 介

蒋正武 工学博士,同济大学特聘教授,国家万人计划领军人才,上海市学术带头人,先进土木工程材料教育部重点实验室主任,《建筑材料学报》主编,兼任 *Cement and Concrete Research*、*Cement and Concrete Composites* 等期刊编委。长期从事绿色低碳高性能混凝土、混凝土修复与防护、建筑功能材料、可持续水泥基材料等领域研究。主持承担了国家自然科学基金、国家重点基础研究发展计划(973 计划)、国家科技支撑计划、国家重点研发计划等国家、省部级重大科研项目或课题 50 余项。在国内外期刊发表学术论文多篇,其中 SCI、EI 收录 200 余篇,被引用 6 000 余次。获得国家发明专利 60 余项。荣获国家技术发明二等奖 1 项,教育部技术发明二等奖 1 项,上海市、贵州省等省部级科技奖 8 项。主编、译著 6 部,包括《混凝土修补:原理、技术与材料》《机制砂高性能混凝土》《水泥基材料自修复材料——理论与方法》等。

序

极端环境下的材料物理与化学是土木工程界亟须研究探索的重大前沿课题。混凝土是人类使用的最大宗人造建筑结构材料,因其优异的力学性能与耐久性,广泛用于各种环境条件下的混凝土结构工程中,并逐步向大型化、超高层、极端特种环境下推广应用。作为混凝土材料应用最极端环境条件之一——超低温对混凝土材料的各项性能影响十分显著。混凝土在超低温下的优异性能,使其能成功应用于液化天然气储罐、低温冷藏仓库等超低温极端服役环境下的结构中,未来也极有可能成为人类在外星球建立永久基地使用的重要工程材料。可以预见,在不久的将来,超低温混凝土将愈发受到重视。

混凝土在超低温环境下的服役安全性问题是工程界关注的重点。相较于普通低温环境,极端低温环境对混凝土材料包括力学性能、耐久性能、热工性能等在内的各项性能提出了更为严苛的要求。为保证超低温工程结构的服役安全,探索超低温极端条件下混凝土的力学行为及其微观机理十分必要。目前,国内外针对这一领域已有不同单位陆续开展了系列研究,但相关研究成果尚少,且缺乏系统性。学界及工程界对超低温混凝土的认识普遍不足,至今未见相关的系统性著作介绍这方面的研究进展。本书结合了作者长期以来在超低温混凝土这一前沿课题的研究工作及实践经验,具有较高的理论水平、专业深度及学术价值。

本书全面综述了超低温下混凝土各项性能的国际前沿研究进展,并根据作者近些年围绕该领域开展的科学研究成果,全面系统论述了超低温下混凝土性能表征方法、力学性能及其发展模型、热工参数、微观结构以及力学性能增强机理与冻融破坏机理等,提出了水泥基材料的热孔计法、光纤光栅温度变形测试方法等超低温测试表征技术,许多研究成果在国内是首次系统阐述。

本书综合运用了材料、物理、化学、力学、土木工程等不同学科知识,具有很好的科学性与前沿性。本书的学术研究成果不仅具有理论指导意义,同时可以广泛应用到未来新材料及实际工程中,具有可观的应用前景。期待越来越多的后浪们加入超低温混凝土这一研究领域,为我国在这方面的研究与应用奠定更加坚实的基础。

欣喜看到国内首部有关超低温混凝土的著作得以正式出版。欣然作序。

中国工程院院士

前　言

极端条件下材料物理与化学是 21 世纪材料学研究的前沿领域之一,通常不为人们熟知,但具有极大的发展空间。超低温极端环境条件目前已受到广泛关注。混凝土材料因其优异的力学性能与安全性,不仅应用在严寒环境下的工程中,如我国哈大高速铁路、青藏铁路等,也开始应用于液化天然气储罐、超低温冷藏仓库等超低温极端服役环境下的结构中。液化天然气混凝土储罐的使用环境不仅长期处于−163℃超低温下,而且还需反复经历超低温冻融循环,这种超低温侵害环境对混凝土材料的服役安全构成了极大的挑战。此外,"月球建筑"这一新兴概念随着 21 世纪各航天大国的不断推进正日益被赋予现实意义,月球混凝土应运而生。而月球环境的一大重要特征是其表面温度可达−200℃之低,这一极端低温环境同样对月球混凝土的性能提出了严苛要求。为保证超低温工程结构的服役安全,服务国家重大战略前沿,探索超低温极端条件下混凝土的力学行为及其微观机理十分必要。

本书是在国家自然科学基金的持续资助下取得的研究成果,在全面论述超低温混凝土研究最新进展的基础上,从理论和技术角度系统阐述了混凝土在超低温及其冻融环境下的力学性能、热工性能和微观结构的演变特性,尤其创新性地提出了超低温下孔结构测试方法、光纤光栅温度变形测试方法等。本书基于材料学、物理学、化学、力学、土木工程等多学科的交叉融合,将专业理论基础与专业实践知识有机结合在一起,具有科学性、知识性、先进性与应用性。

本书第 1 章主要概述了超低温混凝土的研究历史、研究问题与最新进展;第 2 章重点阐述了超低温下水泥基材料力学性能、热工性质及微观结构的表征方法;第 3 章至第 6 章论述了超低温及其冻融环境下水泥基材料的力学性能、热力学性质的演变规律;第 7 章详细阐述了热孔计法表征水泥基材料的方法及超低温下孔结构演变特征;第 8 章论述了超低温下水泥基材料力学性能的增强机理及破坏机理。

　　本书由同济大学蒋正武教授撰写、审阅完成。课题组邓子龙、李雄英、张楠、钱辰、张聪、朱新平、何倍、张红恩等博士、硕士研究生参与了科学研究和资料收集整理工作,特此表示感谢。

　　本书内容是作者多年来从事超低温混凝土相关领域的科学研究、教学与工程实践的积累,同时还参考了国内外大量的文献资料。在此一并向相关作者与研究机构表示谢意。

　　由于作者水平有限,书中疏漏之处在所难免,还望广大读者不吝赐教、指正。

2022 年 9 月于同济大学

目 录

第1章 绪　　论

1.1　概述

　　超低温作为人类应用最极端环境条件之一,其对混凝土材料的各项性能影响十分显著。人类活动范围在空间上的拓展,对混凝土也提出了更高、更强、更极端环境条件下应用的要求[1,2]。混凝土在低温及超低温环境条件下的工程应用越来越多,其应用温度也越来越低。我国哈大高铁是世界上第一条穿越高寒地区的高速铁路,其冬季最低气温可达−40℃,目前规划中的齐海满高铁,沿线最低气温低于−45℃;俄罗斯城市雅库茨克冬季最低气温可达−60℃;地球北、南两极最低气温分别可达−70℃和−90℃;液化天然气储罐工作温度为−165℃左右。此外,人类的足迹正迈向太空,规划着在月球表面建立永久基地,而月球表面的温度可低至−200℃,这给月球基地的建设带来巨大的挑战。混凝土由于其丰富的材料来源和良好的超低温力学性能,有可能成为广泛使用的月球建筑结构材料。同时,低温环境下勘探和开采石油的移动式钻探容器、低温海洋环境下的浮动码头、原子冷却塔等都将是低温环境下钢筋混凝土的重要应用领域。

　　超低温混凝土(cryogenic concrete)是指处于超低温(低于−100℃)环境或者可能暴露于超低温环境中的混凝土。目前,超低温混凝土主要应用于液化天然气(Liquefied Natural Gas,LNG)储罐[3-6],其必须具备稳定性和可预测性。LNG储罐属于常压低温(−165℃)储罐,通常为平底双臂圆柱形,储罐内罐一般采用含9％镍的合金钢,外罐为预应力混凝土。壁顶的悬挂式绝热支撑平台为铝制,罐顶则由碳钢或混凝土制成。内外罐之间主要为膨胀珍珠岩弹性玻璃纤维毡及泡沫玻璃砖等绝热材料[7-9]。在这种常见的LNG储罐中,混凝土并不与超低温液体直接接触,只有发生泄漏工况,混凝土才会处于超低温的温度范围[10-12]。也有少量LNG储罐直接采用混凝土建造内罐。全球越来越多的LNG储罐采用预应力混凝土来建造内罐,并用碳钢作为衬底将液化天然气与混凝土隔开,以防止液化天然气渗透。

　　与9％镍钢的预应力LNG储罐相比,全混凝土LNG储罐(图1.1)具有诸多优势。首先,材料本地化,取材容易且价格低廉;其次,人们对混凝土的施工建造技术熟练度更高,混凝土施工建造团队具有多选择性。这些特点使得LNG储罐的材料、设计建造摆脱了依赖性[13],全混凝土LNG储罐除了采用预应力混凝土建造内罐外,同时还省去了内罐的金属衬底,使混凝土与超低温液化天然气直接接触,其他结构基本与普通LNG储罐相同。

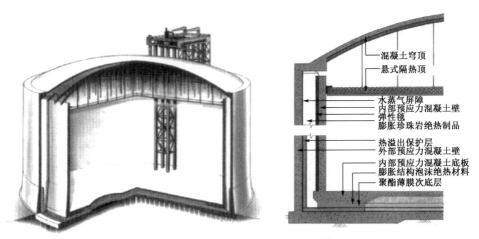

图 1.1 全混凝土 LNG 储罐示意图[6]

全混凝土 LNG 储罐的应用将大幅缩短 LNG 储罐的建造时间,同时显著降低建造成本。LNG 储罐的建造周期可从 33 个月缩短至 25 个月。图 1.2 为普通 LNG 储罐与全混凝土 LNG 储罐建造估算成本比较,全混凝土 LNG 储罐的建造成本可以降低 20% 左右[6]。此外,全混凝土 LNG 储罐的施工技术要求也比普通 LNG 储罐施工技术要求低。时间成本和经济成本上的大幅缩减,使得全混凝土 LNG 储罐具有广阔的应用前景。这也对超低温混凝土的性能提出了更高的要求。

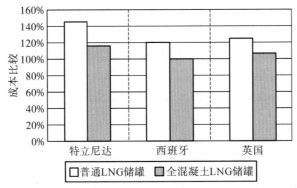

图 1.2 普通 LNG 储罐与全混凝土 LNG 储罐建造成本比较[6]

《中国天然气发展报告》(2019)指出,截至 2018 年底,受市场需求和技术创新的双重拉动,北美地区在供需两端引领全球天然气稳步增长,国际天然气市场供需维持宽松态势。而亚太地区特别是中国天然气消费快速增长态势不变,消费中心总体持续东移。国际液化天然气市场交易主体增多,亚太地区液化天然气现货贸易更加活跃。此外,随着国家液化天然气能源战略的实施、西气东输等工程的建设,我国天然气消费快速增长。2018—2019 年供暖季前,上游供气企业已建储气能力约 140 亿 m³,同比增长约 17 亿 m³。其中,地下储气库工作气量约 87 亿 m³,LNG 储罐罐容约 53 亿 m³。为应对日益增长的天然气需求,大量的超大型液化天然气储存设施正在建设之中,因此,探明混凝土在超低温下的性能及其劣化机理对其成功设计与应用在液化气体储存设施中具有重要的指导意义。然而,目前国内外因超低温试验条件苛刻及试验方法的不足,对超低温下混凝土材料特性研究很少。因此,研究并探索超低温环境下混凝土材料的性能变化及劣化机理,不仅具有很高的科学意义和实际应用价值,还对砂浆、混凝土等水泥基材料在超低温环境下的工程应用具有重要的指导意义。

1.2 国内外超低温混凝土的研究历史与现状

1.2.1 国外超低温混凝土研究历史与现状

超低温混凝土的研究历史与液化天然气产业的发展历程紧密相关[3,14]。20 世纪 60 年代,英、美、法等发达国家开始重视国内严重的空气污染问题,大力发展可替代石油的清洁能源。随后,美国出台的清洁空气法案直接促进了天然气等清洁能源需求的快速增长。70 年代,国际石油危机的出现,进一步加大了各国对清洁能源的需求,天然气产业迎来了十数年的黄金发展期。这一时期,天然气的运输方式从传统的陆路加压管道运输转向陆路管道、海陆液化天然气船运并举。天然气储存、运输方式的转变对大型液化天然气储罐设计、建造提出了更高的要求。液化天然气产业的快速发展,推动了用作液化天然气储罐外壳的混凝土超低温性能研究。由于 LNG 储罐混凝土外壳仅在泄漏工况下才与液氮直接接触,因此,研究人员[15,16]对混凝土超低温性能的研究只针对泄漏工况下外罐混凝土与超低温液体的接触,研究内容主要集中在超低温环境下混凝土的强度、弹性模量以及抗超低温冻融破坏能力几个方面。大量研究[17-22]发现,就机械性能而言,混凝土是一种绝佳的超低温材料,在低温环境下,其抗拉、抗压强度以及弹性模量都显著增强,但其抗超低温冻融循环性能较差,往往几个常温-超低温冻融循环就出现明显破坏。

进入 80 年代后期,液化天然气工业扩张速度的放缓,市场对 LNG 储罐需求的降低,使得 LNG 储罐的建设、研究均大幅减少。90 年代后的十数年间,超低温混凝土的研究几乎处于停滞状态。直到 2004 年前后,LNG 混凝土内罐以及全混凝土 LNG 储罐概念的提出,使得超低温混凝土的研究再次被提上日程。现有的文献大部分主要针对具体液化天然气项目进行混凝土降温以及配合比研究,随着天然气能源需求量的日益增长,需要足够的理论与试验数据作支撑来了解混凝土的超低温力学性能与变化机理,从而才能更加合理地指导超低温混凝土的制备与应用。

1.2.2 国内超低温混凝土研究历史与现状

我国液化天然气工业起步较晚,大型 LNG 储罐建造始于 20 世纪 90 年代中期,至今仅有短短二十多年的发展,同时关于 LNG 储罐领域的研究也相对较少。对于建造大型 LNG 储罐没有相关规范可供参考,相关建造技术缺乏,尤其是用作储壁材料的特种混凝土结构设计施工以及验收等仍受控于国外。因此,建造大型 LNG 储罐时多采用引进国外技术、自行建造的方式[7,23,24]。国内关于超低温混凝土性能的研究在 2010 年前几乎处于空白状态,直到近几年才被少数学者关注并开始展开研究[25-31]。随着我国对环境保护的要求不断提高,天然气作为一种清洁能源在我国快速发展。2017 年,随着工业用气、发电用气的大幅增长,以及华北居民取暖"煤改气"的推进,我国在冬季出现严重天然气气荒,直接促进了我国加大液化天然气的进口量以及加快基础设施建设速度。2017 年 12 月,我国自主设计施工并建造的国内最大 LNG 储罐在上海洋山港正式开工(图 1.3),每个储罐均为 20 万 m^3 的全容式储罐,预计投入运营后可供气 84 亿 m^3。随着 LNG 储罐需求的扩大和 LNG 储罐自主设计、建造项目的增加,超低温混凝土的性能、设计将成为我国众多学者研究的热点。

图 1.3 上海洋山港在建 4 号、5 号 LNG 储罐

1.3 超低温混凝土性能的研究进展

1.3.1 力学性能

1. 抗压强度

混凝土在超低温下的抗压强度不同于常温或低温下的抗压强度,这主要取决于混凝土含水率[32]。随着温度的降低,混凝土中孔隙水逐渐冻结,从而大幅增加了基体对外部荷载的抵抗力[33, 34]。学者们根据含水率的不同,将混凝土试件分为饱水混凝土、部分干燥或风干混凝土(饱水面干)和绝干混凝土[35]。图 1.4 总结了不同研究人员对不同温度下混凝土抗压强度的研究结果[36]。饱水混凝土在 −120℃ 时的抗压强度是常温下强度的 2~3 倍,

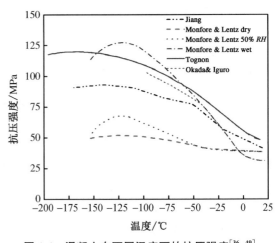

图 1.4 混凝土在不同温度下的抗压强度[36, 49]

而绝干混凝土的抗压强度明显低于饱水混凝土。Monfore 等[32]发现，混凝土的抗压强度在−120℃左右达到最大值，然后随着温度的进一步降低而降低。Tognon[37]和Miura[38]认为，当温度降至−120℃时，混凝土强度不会增加。在 0～−120℃范围内，混凝土强度取决于温度和含水率。当温度低于−120℃时，强度仅与初始含水率有关，而与温度无关。同样，对于超高性能纤维混凝土，其超低温下抗压强度高于室温下抗压强度[39]。考虑到温度、含水率、冷却速率和强度等级等因素，表 1.1 总结了超低温下混凝土强度的不同预测模型。通常有两种方法可以预测抗压强度。第一种是用 20℃下的混凝土强度加上超低温下混凝土抗压强度的增加值[40]；第二种是用 20℃下混凝土的抗压强度乘以超低温下混凝土强度的相对增加系数[41]。

尽管许多学者对超低温下混凝土强度的预测模型进行了简化，但由于混凝土的复杂性，预测模型的准确性仍需进一步完善。水灰比[42]、相对湿度[43]、孔隙分布[44]、孔隙大小与冰点的关系[33,45]以及低温下冰的性质等[34]都可能影响混凝土的强度，因此，这些因素也在最近的相关研究中逐渐被考虑。研究发现，混凝土的抗压强度与低温下的孔隙流体密切相关[46]。根据 Wiedemann 的孔隙模型[43]，冰与孔壁之间的相互作用、水在孔中的势流以及超低温状态下冰的变化引起的强度和体积的突然改变都会对其性能产生影响[式(1.1)]。因此，刘超[47]提出了低温下混凝土抗压强度的增量模型，计算公式如下：

$$\Delta\sigma_c = \frac{\int_{r_0}^{r_1} f_c^{ice}(P, T) \cdot V_{ice}(r, w/c)/H \, dr}{V_{concrete}/H} \tag{1.1}$$

式中，r_0 和 r_1 分别为混凝土中最小孔隙半径和最大孔隙半径；$f_c^{ice}(P, T)$ 为不同温度和孔径的空隙中冰的受压强度，P 为应力，T 为温度；$V_{ice}(r, w/c)$ 为不同直径孔隙中冰的体积；$V_{concrete}$ 为混凝土体积；H 为试件高度。

对于冰在超低温下的动态抗压强度，Zhang 等[48]将应力速率引入计算公式[式(1.2)]。该公式能定量地描述低温下冰的抗压强度、应变率和温度之间的关系。

$$f_c^{ice}(\varepsilon, T) = a\varepsilon^b \mid T^c \mid \tag{1.2}$$

式中，ε 为应变率；a 为与应变率相关的参数；b 和 c 为综合参数。

2. 抗拉强度

与抗压强度类似，超低温下混凝土的抗拉强度也极大地受含水率和温度的影响。随着温度的下降，混凝土的抗拉强度相应地增加(图 1.5)。一般认为，混凝土的抗拉强度在一定温度下会达到最大值，但对此温度点说法不一。Browne 等[46]认为最大抗拉强度在临界值为 −70℃ 时，而 Yamane 等[56]认为最大抗拉强度出现在

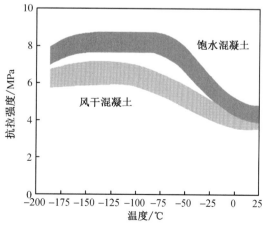

图 1.5　混凝土抗拉强度随温度变化规律[44]

表1.1　超低温下混凝土抗压强度的预测模型

文献	计算公式	计算方程	温度范围	备注	条件	研究对象
Okada 和 Iguro(1978)[50]	$f_c = f_\infty + \Delta\sigma_c$	$\Delta\sigma_c = 54 - 8.6T - 0.028T^2$	$-10℃ \geqslant T \geqslant -100℃$	与含水率(w)无关,仅取决于温度(T)	浸水试样	饱水混凝土
Goto 和 Miura (1979, 1988, 1989)[38,51,52]		$\Delta\sigma_c = \left[\dfrac{120 - \dfrac{(T+180)^2}{270}}{107w}\right]w$	$\begin{cases} 0℃ \geqslant T \geqslant -120℃ \\ -120℃ \geqslant T \geqslant -196℃ \end{cases}$	取决于温度和含水率(T)	烘干 15 h,含水率为 2.88%,$w/c = 0.55$	混凝土
Rostasy (1984)[53]		$\Delta\sigma_c = 12w\left[1 - \left(\dfrac{T+170}{170}\right)^2\right]$	$T \geqslant -170℃$	取决于温度和含水率	烘干 15 h,含水率为 2.88%,$w/c = 0.55$	混凝土
Browne 和 Bamforth (1981)[46]		$\Delta\sigma_c = \begin{cases} \dfrac{wT}{12} \\ -10w \end{cases}$	$\begin{cases} 0℃ \geqslant T \geqslant -120℃ \\ T < -120℃ \end{cases}$	关于温度和含水率的函数	含水率为 10%,冷却速率为 2℃/min	非引气混凝土
刘超(2011)[47]		$\Delta\sigma_c = \begin{cases} (0.008\,772T - 41.333\,0)w \\ (-0.146\,7T - 3.356\,5)w \\ (0.015\,72T + 12.885\,7)w \end{cases}$	$\begin{cases} 20℃ \geqslant T \geqslant -20℃ \\ -20℃ \geqslant T \geqslant -100℃ \\ -100℃ \geqslant T \geqslant -196℃ \end{cases}$	冷却速率为 1℃/min,恒温 48 h,加载速率为 0.25 MPa/s	试件尺寸为 100 mm×100 mm×100 mm	C60混凝土
Zhengwu Jiang 等(2018)[49]		$\Delta\sigma_c = 14.094\,8 + 7.472\,1w - 0.210\,1w^2$	$T = -110℃$	抗压强度与含水率的关系	试件尺寸为 40 mm×40 mm×160 mm	砂浆
Jian Xie 等(2011)[54]	$f_c = f_\infty \cdot \gamma_T$	$\gamma_T = -0.006\,5T + 1.1$	$20℃ \geqslant T \geqslant -60℃$	在 20℃、0℃、−20℃、−40℃和−60℃下测量试样的抗压强度	试件尺寸为 150 mm×150 mm×150 mm	C50混凝土
Jian Xie 等(2014)[41]		$\gamma_T = \begin{cases} -0.004T + 1.08 \\ 1.56 \end{cases}$	$\begin{cases} 20℃ \geqslant T \geqslant -120℃ \\ -120℃ \geqslant T \geqslant -160℃ \end{cases}$	$\gamma_T > 1$ 表征低温下混凝土强度的提高程度	试件尺寸为 150 mm×550 mm×150 mm,试样中心温度在 2℃内波动	C60钢筋混凝土
Jian Xie 等(2017)[55]		$\gamma_T = -0.002\,7T + 1.036$	$20℃ \geqslant T \geqslant -160℃$	这个经验公式是基于有限低温下的数据得出的,如果用于指导设计,则需进一步考虑它的局限性	试件尺寸为 100 mm×100 mm×300 mm	C40普通混凝土

注:f_c 为超低温下混凝土的抗压强度(MPa);f_∞ 为 20℃时混凝土的抗压强度(MPa);$\Delta\sigma_c$ 为超低温下混凝土的抗压强度相对增加值(kg/m²);T 为混凝土温度(℃);w 为混凝土含水率(%);γ_T 为超低温下混凝土强度的相对增加系数。

−30～−50℃之间。这两个结论不同的主要原因可能是配合比、养护时间、含水率和试件孔隙率等存在差别。对于抗拉强度的提高,绝干混凝土受温度的影响较小,而饱水混凝土的抗拉强度最大值比常温下的强度高 5.2 MPa。此外,通过添加钢纤维,超高性能纤维混凝土在低温下的拉伸性能(包括强度和断裂能)显著提高[40]。超低温下混凝土抗拉强度与抗压强度的相关性更高,因此可采用超低温抗压强度来计算超低温抗拉强度,不同计算方法见表 1.2。考虑到超低温下混凝土抗拉强度的离散性较大,由表 1.2 中公式计算得到的抗拉强度预测值可能存在较大的偏差。

3. 钢筋黏结强度

钢筋混凝土结构作为应用最广泛的建筑结构之一,在实际工程中具有许多优点[57]。近年来,LNG 储罐和超低温工程结构对钢筋的需求不断增加,并要求钢筋在极端低温环境下仍然可以工作[58]。钢筋与混凝土的黏结强度受钢筋性能的影响很大。研究发现,随着温度的降低,钢筋的屈服强度和抗拉强度随之增加,而钢筋的延性逐渐降低[59]。当温度降至−196℃时,钢筋的屈服强度和抗拉强度分别为常温下的 1.8 倍和 1.36 倍。钢的表面一旦出现缺陷,随着温度的降低,极限应变也明显减小,而弹性模量没有明显变化。同时,劣化模式从韧性模式变为脆性模式[58](图 1.6),相关规律已经被许多学者所证实[44, 60]。

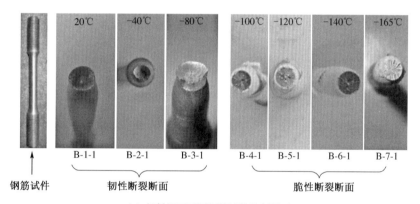

(a) 超低温下不同钢筋试件的断裂面

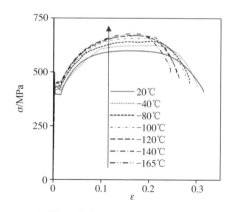

(b) 超低温下钢筋 HRB400 的应力-应变行为

图 1.6 钢筋试件劣化[55]

表1.2

超低温下混凝土抗拉强度预测模型

文献	计算公式	温度范围	备注	研究对象
Okada 和 Iguro(1978)[50]	$\sigma_t = 0.06\sigma_c + 24$	$-10℃ \geq T \geq -100℃$		混凝土
Rostasy 等(1984)[53]	$\sigma_t = \begin{cases} 0.56\sigma_c^{0.67} \\ 0.30\sigma_c^{0.67} \end{cases}$	$20℃ \geq T \geq -200℃$		$\begin{cases}$ 饱水混凝土 $\\$ 风干混凝土 $\end{cases}$
Lee 等(1988)[51]	$\sigma_t = 5.6\sqrt{\sigma_c}$	$20℃ \geq T \geq -70℃$	对混凝土在 20℃、-10℃、-30℃、-50℃、-70℃时的劈裂抗拉强度和抗压强度进行回归拟合	C60混凝土
Miura(1989)[39]	$\sigma_t = 0.38\sigma_c^{0.75}$	$0℃ \geq T \geq -196℃$	对混凝土在室温，-50℃，-100℃，-160℃下的抗拉强度和抗压强度进行回归分析	混凝土
Jian Xie 等(2011)[54]	$\sigma_t = 5.5 - e^{3.85-0.06\sigma_c}$	$20℃ \geq T \geq -60℃$	在 20℃，0℃，-20℃，-40℃ 和 -60℃下测定了立方体试样的劈裂抗拉强度	C50混凝土
Jian Xie 等(2017)[55]	$\sigma_t = (1.45 - 1.02^{T-60})\sigma_{t0}$	$20℃ \geq T \geq -160℃$	在 20℃，-40℃，-70℃和 -100℃下测定预应力混凝土的抗拉强度	预应力混凝土
Zhengwu Jiang 等(2018)[49]	$\begin{cases}\sigma_t = \sigma_{t0} + \Delta\sigma_t \\ \Delta\sigma_t = 3.6676 + 1.6519w - 0.0796w^2\end{cases}$	$T = -110℃$	揭示了抗压强度与含水率的关系	砂浆

注：σ_t 为超低温下混凝土的抗拉强度(MPa)；σ_c 为超低温下混凝土的抗压强度(MPa)；σ_{t0} 为室温下混凝土的抗拉强度(MPa)；$\Delta\sigma_t$ 为超低温下混凝土抗拉强度增加值(kg/m²)；w 为混凝土含水率(%)。

在超低温下,钢筋与混凝土之间的黏结强度发展趋势与抗压强度相似,但其增长速度大于抗压强度的增长速度[44]。对于钢筋混凝土,由于混凝土和钢的热膨胀系数不同,它们之间的相互作用力也不同,特别是饱水混凝土[61],与常温黏结强度相比,饱水混凝土在$-70℃$和$-165℃$时的黏结强度分别提高了 410% 和 580%,而绝干混凝土在$-70℃$和$-165℃$时的黏结强度分别提高了 110% 和 140%[39]。此外,两种混凝土在 0℃ 以下的黏结强度随温度的降低先增大后减小,随湿度的升高而增大[62];在常温下,湿度并不会明显影响它们的黏结强度[63]。由此可见,黏结强度也主要与低温温度和含水率有关。

4. 弹性模量

在超低温下,混凝土弹性模量的增加与含水率、降温速率和骨料含量密切相关[64]。随着温度的降低,混凝土的弹性模量先增大后减小,最大值出现在$-120℃$左右[32]。弹性模量在 0~$-120℃$ 范围内呈线性增长[50]。含水率越高,弹性模量的增长速率越快,同时弹性模量的增长率明显低于抗压强度的增长率。饱水混凝土在$-30℃$,$-70℃$,$-160℃$下的弹性模量增量分别达到 30%,50%,70%。绝干混凝土明显不同于饱水混凝土,当温度低于$-30℃$时,绝干混凝土的弹性模量保持稳定[56]。在$-190℃$时,饱和混凝土的弹性模量是常温下的 1.75 倍,而绝干混凝土的弹性模量是常温下的 1.65 倍[44]。Marshall[36]对比计算了众多学者的研究数据,认为在-10~$-100℃$范围内,弹性模量与抗压强度平方根的比值可以看作一个常数,可以通过方程 $E = 8\sqrt{\sigma_c}$ 来计算。但当温度低于$-100℃$时,弹性模量与抗压强度平方根的比值波动会较大,因此还需要进一步对其进行优化。

Fdration Internationale de la Prcontainte(FIP)[65]提出,当混凝土处于相对湿度为 86%~100% 的环境中时,其弹性模量可用式(1.3)计算:

$$E_c(T) = E_c(T = 20℃) \times \left(1 + 0.5 \times \frac{20℃ - T}{185℃}\right) \ (T < 20℃) \tag{1.3}$$

此外,Rostasy[53]还讨论了超低温下混凝土的应力-应变关系,提出了计算超低温下混凝土峰值应变的公式:

$$\varepsilon_{f_c}(T) = \varepsilon_{f_c}(T = 20℃) + \kappa \Delta \varepsilon_{f_c \max}(T = -60℃) \tag{1.4}$$

$$\kappa = \begin{cases} 1 - \left(\dfrac{T - 60℃}{60℃}\right)^2, & T > -60℃ \\ \dfrac{T - 170℃}{110℃}, & -60℃ > T > -170℃ \end{cases} \tag{1.5}$$

式中,$\varepsilon_{f_c}(T = 20℃)$ 为 20℃ 时混凝土峰值应力对应的应变;$\Delta \varepsilon_{f_c \max}(T = -60℃)$ 为$-60℃$时混凝土峰值应力对应的应变最大增量。此外,Rostasy 还给出:当采用波特兰水泥混凝土时,$\varepsilon_{f_c}(T = 20℃) = 0.2\%$,$\Delta \varepsilon_{f_c \max}(T = -60℃) = 0.1\%$;当采用波特兰矿渣水泥混凝土时,$\Delta \varepsilon_{f_c \max}(T = -60℃) = 0.15\%$。同时,Rostasy 还建立了超低温下混凝土应力-应变关系的计算公式:

$$\sigma_{\rm c}(T) = f_{\rm c}(T, w) \times \left\{ 1 - \left[\frac{\varepsilon_{\rm c}(T)}{\varepsilon_{f_{\rm c}(T)}} \right]^n \right\} \tag{1.6}$$

$$n = \begin{cases} 2, & T = 20℃ \\ 1 + \dfrac{T + 170℃}{170℃}, & 20℃ > T > -170℃ \\ 1, & T = -170℃ \end{cases} \tag{1.7}$$

式中,$\sigma_{\rm c}(T)$ 和 $\varepsilon_{\rm c}(T)$ 分别为混凝土应力-应变曲线上指定点的应力值和应变值;$\varepsilon_{f_{\rm c}}(T)$ 为混凝土峰值应力对应的应变值,即峰值应变。

对于普通混凝土,谢剑等[55]提出了超低温下混凝土弹性模量的预测模型,如式(1.8)所示。然而,经验公式是基于有限的数据得出的,如果将其应用于混凝土结构设计,则需要进一步考虑其局限性。

$$E_{\rm c}(T) = (0.001\,2T + 0.88) \times E_{\rm c}(T = 20℃), \quad 20℃ > T > -160℃ \tag{1.8}$$

1.3.2　冻融性能

在超低温冻融循环作用下,混凝土的力学性能劣化速度比常规冻融循环快得多。混凝土的拉伸强度和弯曲强度对超低温下的冻融循环更敏感,会导致更快的破坏[66,67]。对于饱水混凝土,在 $20 \sim -196℃$ 的冻融循环下,仅经过 3 次循环后抗压强度降低了 50%[68]。相比之下,当相对湿度为 85% 时,超低温冻融对混凝土刚度、抗折强度和抗压强度的影响不显著[38];当相对湿度大于 85% 时,超低温冻融对混凝土强度的影响明显增大[66]。超低温下混凝土杨氏模量的增长率小于抗压强度的增长率[51]。随着冻融循环次数的增加和温度的降低,混凝土的残余应变呈增长趋势,当温度低于 $-50℃$ 时,温度的影响不显著[39]。

影响混凝土超低温冻融损伤的因素很多,包括温差、降温速率和饱水程度等[69]。冻融循环温差越大,冻融劣化速率越快。值得注意的是,在 $20 \sim -170℃$ 的冻融循环中,水泥基材料的力学性能劣化程度与 $20 \sim -70℃$ 的情况几乎相当,这是因为在温度低于 $-70℃$ 时,水泥基材料的体积便不再随着温度的降低而膨胀[66]。如果降温速率过快,混凝土的不同部位将产生严重的收缩或膨胀,这将加速材料的破坏[70]。Rostary 等[66]将混凝土直接浸入液氮中冷冻。1 次冻融循环后,抗压强度和抗拉强度分别降低了 30% 和 50%。在 $20 \sim -170℃$、降温速率为 $1℃/\min$ 的条件下,混凝土的冻融破坏速率远大于 1 次冻融循环的破坏速率,且混凝土的饱水程度越高,冻融破坏越严重。只有饱水或接近饱水的混凝土在冻融循环后才会引起内部损伤。在超低温冻融循环过程中,基体逐渐从外部吸水。经过 21 次循环后,其吸水率甚至大于真空饱水机中的吸水率[67](图 1.7)。此外,通过添

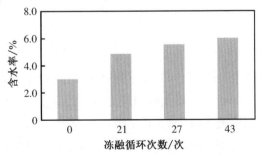

图 1.7　超低温冻融循环后砂浆的含水率变化[67]

加细骨料、降低水灰比和含水率,可以提高混凝土的抗冻融性[71]。

对于超低温冻融破坏的原因,研究者从宏观角度给出了定性的解释,但还没有形成系统的理论。超低温下混凝土产生破坏主要有两个原因。首先,孔隙水的冻结引起孔隙体积膨胀,从而导致孔隙结构破坏。在超低温冻融循环后,大孔隙在硬化水泥基体中的比例显著增加[66]。通过对混凝土残余应变和相对动弹性模量的比较,认为混凝土的劣化主要发生在−20～−50℃的体积膨胀阶段[39]。其次,由于混凝土内部各组分的热膨胀系数不同,温度变化会使各构件的界面产生较大的内应力,从而导致破坏[72, 73]。然而,目前对于超低温冻融过程中材料的微观变化和劣化机理的研究和探讨相对较少,大部分关注点均集中于常温及低温下的冻融循环。

1.3.3 温度变形与残余应变

在超低温及其冻融环境下,混凝土的温度变形是孔隙水相变、迁移的宏观表现,也是超低温混凝土不同于常温混凝土的重要性能之一[73]。随着温度的降低,混凝土表现出先收缩、再膨胀、再收缩的变化趋势[74, 75]。膨胀阶段主要在−20～−70℃之间,由孔隙水结冰膨胀引起。经过6次冻融循环后(图1.8),硬化水泥基质中仍有残余应变。膨胀量主要取决于含水率,绝干混凝土则不会出现膨胀现象。Rostasy等[53]通过试验发现,水灰比越高(含水率越大),热膨胀越明显。

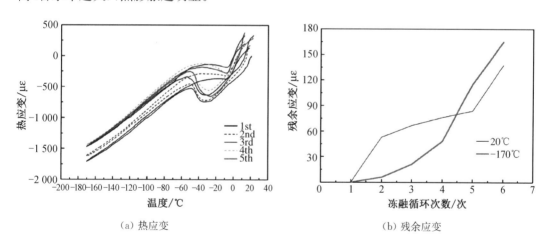

(a) 热应变　　　　　　　　　　　　　(b) 残余应变

图1.8 超低温冻融循环后水泥浆体的热应变和残余应变[73]

经过超低温冻融循环后,混凝土内会有应变残留。Miura[74]指出,残余应变随着冻融循环的进行、冻融循环温度差的扩大而逐渐增大,但当冻融温度低于−50℃时,残余应变不再增加。残余应变与冻融后相对动弹性模量的损失量呈线性关系,因此,Miura认为,超低温冻融破坏主要发生在−20～−50℃之间。Rostasy等[53]的试验结果表明,饱水砂浆经过12次−170℃超低温冻融后产生0.27%的残余应变。

1.3.4 比热容

在超低温下,混凝土的比热容主要受含水率的影响,但超低温下冰与混凝土的比热容关系不同于常温下水与混凝土的比热容关系。一般来说,在环境温度下,水的比热容是混凝土的 4 倍[46]。在超低温环境中,水冻结成冰,冰的比热容大幅降低,约为混凝土的 2 倍。但由于混凝土体系的复杂性,混凝土的比热容在超低温下也会发生变化,混凝土的比热容随温度的降低呈线性下降。根据相关理论,混凝土比热容变化的主要原因是冻结后水的比热容减小了一半,且冰的比热容随温度的变化而变化,如图 1.9 所示。分析表明,孔隙水冻结是一个缓慢的过程,孔隙水冻结的温度范围主要在 0 ~

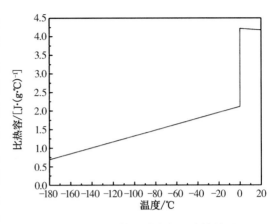

图 1.9　水和冰的比热容与温度的关系
(数据来源于文献[51])

$-50℃$ 之间,因此,比热容变化不会出现在图 1.8 中$-20 \sim 0℃$之间的明显台阶上。由于超低温温度跨度较大,水和冰的比热容变化是研究超低温下混凝土热工性能和孔隙水相变过程必须考虑的因素。

1.3.5　热扩散系数

热扩散系数是热导率、比热容和密度的函数,它反映的是物体中某一点的温度扰动传递到另一点的速率的量度。热扩散系数随温度的降低而增大,且受含水率的影响较大。一般来说,含水率越高,热扩散系数的增加率就越大[76]。当温度在$-196 \sim 20℃$范围内变化时,不同含水率下混凝土的热扩散系数与温度的函数关系见式(1.9)[46]:

$$\alpha = \begin{cases} \left[0.478\,37 \times \exp\left(\dfrac{-T}{100.042}\right) + 0.626\,3 \right] \times \alpha_0 & \text{(含水率为 3\% 时)} \\ \left[0.630\,27 \times \exp\left(\dfrac{-T}{102.687}\right) + 0.475\,6 \right] \times \alpha_0 & \text{(含水率为 5\% 时)} \\ \left[0.723\,80 \times \exp\left(\dfrac{-T}{100.89}\right) + 0.421\,5 \right] \times \alpha_0 & \text{(含水率为 7\% 时)} \end{cases} \quad (1.9)$$

式中,α是混凝土在温度为 T 时的热扩散系数;α_0是混凝土在 20℃时的热扩散系数,$\alpha_0 = 1.172\,01\ \text{m}^2/\text{s}$。

1.3.6　抗渗性

超低温混凝土的抗渗性是全混凝土 LNG 储罐设计的首要考虑因素。由于混凝土与液化天然气直接接触,混凝土的抗渗性对储罐结构的有效性尤为重要。然而,国内外学者对超低温混凝土渗透性的研究较少,仅有的几个研究结果也不尽相同。

Jackson 等[6]认为,在超低温混凝土配合比设计中并不需要特别考虑混凝土抗渗性,但仍推荐优先选用与水泥浆体热膨胀系数接近的骨料,并控制水灰比小于 0.45,添加硅灰以减小渗透。ACI 376-10 标准也支持添加矿物掺合料以减小渗透。

超低温混凝土的渗透性影响因素与常温下有着根本区别。因为在低温下，水结冰会堵塞部分孔隙，减小渗透。Hanaor 等[21]的试验结果表明，骨料种类是超低温混凝土渗透性最大的影响因素。由于骨料与水泥浆体热膨胀系数不同，随着温度的降低，两者之间产生大量微裂缝，为水分的通过提供新的通道。因此，超低温混凝土必须严格选择骨料种类。

1.4　超低温下混凝土冻融破坏理论进展

混凝土在低温下的冻融破坏一直是材料耐久性研究的重点方向之一。基于孔隙水结冰体积膨胀及其热力学过程，不同学者提出了诸多低温下混凝土冻融破坏模型，但仍然没有一种模型或理论可以完全解释超低温下混凝土的冻融破坏过程与现象。本节主要介绍了几种主流的冻融破坏理论并做了较为详细的比较。更多冻融破坏理论模型综述可参见文献[77]或[78]。

1.4.1　静水压理论

Powers[79, 80]静水压理论认为，混凝土冻结时，负温度从混凝土构件的四周侵入，首先在混凝土四周表面形成冻结，并将混凝土构件封闭起来，如图 1.10 所示。表层孔隙水结冰，造成体积膨胀，将未冻结的水通过毛细孔道挤向饱和度较小的内部。冰的体积随温度不断降低而不断增大，继续压迫未结冰的水，未结冰的水若不能自由流通，则会在毛细孔内产生越来越大的压力，从而在水泥石内毛细孔壁产生拉应力，当拉应力达到抗拉强度极限时，毛细孔破裂，从而在混凝土中产生微裂缝，进而导致破坏。然而，静水压模型只能解释引气型硬化水泥浆体，而不能解释非引气型硬化水泥浆体。

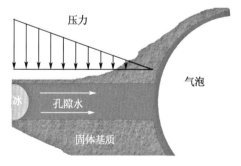
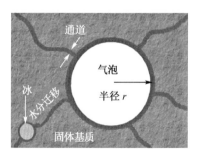

（a）静水压模型示意图　　　　　　（b）气泡周围孔隙结冰静水压示意图

图 1.10　静水压理论[78, 80]

1.4.2　渗透压理论

当混凝土中引入一定的气泡时，硬化水泥基体会随着温度的降低而不断收缩[81]。Powers[82]认为，这是由于毛细管孔中的冰晶部分融化，水从凝胶孔迁移到附近的冻结孔，由此提出渗透压理论来解释 3%盐溶液引起的最大破坏。在低温下,宏观孔隙和毛细孔隙中的一些溶液被冻结成冰,这些冻结的溶液使溶液的浓度变大,导致毛细孔和凝胶孔产生浓度差,使得过冷水从凝胶孔向毛细孔扩散,形成渗透压。即过冷水的迁移形成强烈的渗透压,对混凝土内部孔隙结构造成严重破坏。孔液初始浓度越高,渗透压越大,含冰量越低,静水压越小。因此,理论上,两种压力的相互作用可能导致在一定浓度下形成最大孔隙压力,如图 1.11 所示。然而,渗透压假说没有数学模型进行定量计算,难以描述渗透压对混凝土冻融破坏的影响。

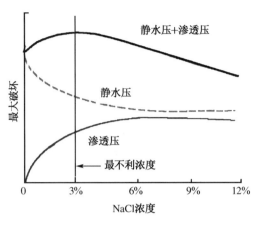

图 1.11　渗透压理论中 3%盐溶液引起的最大破坏示意图[82]

1.4.3　结晶压理论

孔隙水结冰时,冰水半球形界面和圆柱孔形界面曲率不同,存在压力差,如图 1.12 和图 1.13 所示,为平衡两者之间的压力差,孔隙壁向冰晶体施加额外的结晶压,否则冰晶体各向压力不平衡,将导致高压区的冰晶体融化,向低压区迁移。若结晶压足够大,超过多孔材料的强度极限,材料将破坏[83, 84],这也是自然界普遍存在的冻融现象的原因。

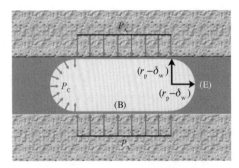

图 1.12　半径为 r_p 的孔中的圆柱形晶体示意图[83]

〔注:半球形端(E)和圆柱形体(B)均采用半径 $r_p - \delta_w$。P_A 为结晶压力。〕

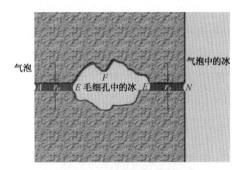

图 1.13　毛细空腔和空气空腔中结冰的示意图[83]

(注:A 为弯曲的液/气弯月面,N 为等效液-冰晶界面的连接孔。F 点表示晶体的曲率为负。)

1.4.4　微冰晶理论

微冰晶理论[85-87]认为,水泥基材料不可能处于完全饱水状态,孔隙中始终存在液态水、水蒸气和冰三相,由三相平衡条件可推导出孔隙水迁移路径。孔隙中形成的微冰晶体类似于低温泵吸作用,使得孔隙内部环境达到过饱和条件。冰晶体理论主要着眼于微冰晶体对热和水的传输作用。在降温过程中,由于热力学作用,孔隙水比冰的化学势更高,因此,邻近孔隙水或凝胶水有向结冰点迁移的趋势;而在升温过程中,水从被冰占据的大毛细孔向小毛细孔和凝胶孔中迁移,这种迁移可以通过蒸发—凝聚过程,也可以通过冰的直接融化迁移。若此时试件外部存在水,水将往内部迁移,导致孔隙内部饱水度随着冻融循环次数的增加而增加[86, 87]。

1.4.5 黏结剥落理论

Valenza 和 Scherer[83, 88-90] 采用黏结剥落理论解释水泥基材料表面剥蚀破坏,如图1.14所示。当水泥基材料表面存在一层盐溶液时,结冰后,其热膨胀系数远高于水泥基材料的热膨胀系数(−10℃时,冰的线性热膨胀系数约为 50×10^{-6} K^{-1},水泥基材料的线性热膨胀系数约为 10×10^{-6} K^{-1}),因此,表面盐溶液结冰层对基材表面产生应力,导致表面开裂剥落。当温度降幅为 20℃时,表面冰层可以产生 2.6 MPa 的应力,足以对水泥基材料产生破坏[83, 90]。

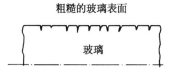

（a）粗糙的玻璃表面

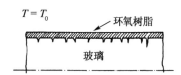

（b）初始温度 T_0 时的环氧树脂-玻璃复合材料

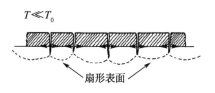

（c）复合材料的界面(当 $T \ll T_0$ 时去除环氧树脂和玻璃面)

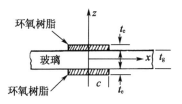

（d）环氧树脂-玻璃-环氧树脂夹层密封示意图及尺寸和方向

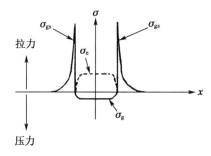

σ_g—环氧树脂下玻璃表面产生的应力;σ_e—环氧树脂中产生的应力;σ_{gs}—环氧树脂边界周围的胶层剥离应力。

（e）环氧树脂下玻璃表面产生的应力示意图

图 1.14 黏结剥落示意图[83]

1.4.6 孔隙介质力学理论

孔隙介质力学理论在岩土、生物等多孔材料领域已经得到较为广泛的应用。该理论将多孔材料的宏观应力分解为热应力、孔隙介质内部应力及基体材料应力[91,92]。

$$\sigma = K\varepsilon - bP - 3K\alpha_S \Delta T \tag{1.10}$$

式中，ε 为材料宏观应力；b 为 Biot 系数；P 为有效孔隙压力；K 为固体材料体积模量；α_S 为固体的线性热膨胀系数；ΔT 为温差。

Coussy 和 Monteiro[93] 在公式（1.10）的基础上给出了孔隙介质压力 P_L 计算公式（1.11）和多孔材料宏观应变 ε_x 计算公式（1.12）。

$$P_L - P_{atm} \approx \frac{V_C - V_L}{V_C} \cdot \frac{\phi_C}{\phi_C/K_C + (1-\phi_C)/K_L} \tag{1.11}$$

式中，P_{atm} 为大气压；V_C、V_L 为冰、水的摩尔体积；K_C、K_L 为冰、水的体积模量；ϕ_C 为冰的含量。

$$\varepsilon_x \approx \left(\frac{1}{3K_P} - \frac{1}{3K_S}\right) [\phi_C P_A + (1-\phi_C)P_L] + \alpha\Delta T \tag{1.12}$$

式中，K_P 和 K_S 为基体和固相的体积模量；α 为热膨胀系数；P_A 为冰晶对孔隙壁的压力。

由上述三个方程式可以看出，孔隙介质力学理论能较好地计算孔隙介质的压力，预测多孔材料的宏观变形。

1.5 超低温混凝土目前的研究问题与趋势

1.5.1 超低温混凝土目前的研究问题

目前检索到的绝大部分关于超低温混凝土力学性能、冻融性能的研究文献主要集中发表于 20 世纪 60 年代到 80 年代，且很多论文也已经很难查阅到原始文档。不同论文所采用的温度条件相差较大，试验数据相关性不高，部分文章结论也有矛盾之处。超低温混凝土研究中存在的主要问题有：

（1）结论不一，亦有疏漏。不同研究者对于超低温下混凝土力学性能发展规律有不同的观点，其强度预测模型也有一定差异。前期研究者主要集中于研究含水率、温度对强度的影响。水泥基材料超低温养护时间、常温养护时间及其他因素对超低温混凝土强度影响的研究则较为少见。

（2）研究内容较为单一，多集中在宏观力学性能上，在微观层面缺少系统研究。早期研究中使用的测试技术较少，大多文献仅讨论了宏观力学性能，对材料微观层面的研究较少，而水泥基材料超低温冻融后孔结构对力学性能有着直接的影响，超低温冻融过程中孔隙水相变和迁移对力学性能、冻融破坏也有着直接的影响。此前超低温混凝土微观层面上的研究则非常缺乏。

（3）超低温下水泥基材料的力学性能明显增强，但对于其增强机理的研究和讨论则非常有限。一般认为，孔隙水随温度的降低逐步结冰是水泥基材料强度随温度的降低而增加的主要原因，但不同温度下孔隙冰的含量、冰的强度对水泥基材料超低温强度的影响鲜有研究，也未能提出能够较为全面解释超低温下水泥基材料力学性能增强的机理。

（4）超低温下水泥基材料内部水热传输机制、非稳态温度场分布及其引起的温度应力等方面的研究较少。由于超低温环境下测试技术的限制，目前关于温度场方面的研究只集中于一些热工参数，对于温度传递产生的温度差导致的温度应力方面的研究较少。同时，目前关于超低温水泥基材料的研究比较零散，各方面的联系没有建立起来。因此需要从多方面将超低温水泥基材料的性能建立起联系。

（5）超低温冻融破坏机理尚未探明。超低温下水泥基材料冻融破坏较普通冻融破坏更为迅速、严重，目前大多数研究者仍然沿用普通冻融破坏机理来解释超低温冻融破坏过程及其机理，但超低温下孔隙水结冰与普通冻融有很大不同：温度跨度范围更大，孔隙水结冰量更大，结晶压更大。此外，各组成相的热膨胀系数差异引起的温度应力也不可忽视。超低温冻融破坏机理需要考虑的因素比普通冻融破坏更为复杂，完全沿用普通冻融破坏模型可能并不合适。

（6）超低温环境对材料测试技术要求非常苛刻，诸多常温可用的测试方法在超低温下会失效。在表征水泥基材料超低温性能过程中，需要不断研究、开发新的测试方法，以获得有效的、更好的测试结果。

1.5.2　超低温混凝土的研究趋势

混凝土作为人类最大宗的土木工程材料之一，越来越多地被用于各种极端环境条件下。混凝土在超低温环境下具有十分优异的力学性能，是一种优良的超低温材料，这是超低温混凝土应用于超低温结构工程的天然优势。随着我国对天然气这种清洁能源需求的快速增长，以及作为月球基地建设的潜在应用材料，超低温混凝土也将成为业界的研究热点，以下几个方面将受到重点关注：

（1）混凝土在超低温及其冻融环境下的性能、结构演变机制。超低温混凝土的基本力学性能、热工性能、耐久性等各项基本性能与常温混凝土相比均表现出显著差异，其主要原因是混凝土内部孔隙水相变。本书基于水泥基材料孔隙水相变与迁移过程，结合原有经典冻融破坏理论，提出了超低温混凝土力学性能增强机理和冻融破坏机理，但亦有可能存在其他因素导致的增强或破坏，需要进一步探究，如超低温对硬化水泥浆体本身性能的影响、混凝土不同组分间热工性能匹配性的影响等。同时，超低温及其冻融作用引起的微结构破坏亦未厘清，需进行深入的研究。

（2）超低温环境下的混凝土性能及结构测试表征技术。不同于常温环境，在超低温环境下测试表征混凝土材料的性能及结构是极具挑战性的。其测试环境必须满足−120℃以下的超低温条件，必须针对性地设计研发出相应的性能、结构测试表征技术和设备。在超低温混凝土的力学性能、热应变、孔隙水相变等方面，本书总结归纳了超低温力学性能测试的几类主要方法,提出了光纤光栅法、热孔计法等创新方法。尽管如此,在超低温混凝土的微结构、纳米孔隙水相变等方面的测试研究方法仍需从多方面进行创新开发。

(3)混凝土的超低温稳定性提升理论及技术方法。超低温冻融破坏是超低温混凝土面临的主要问题,如何提升混凝土材料在超低温及其冻融环境下的稳定性是超低温混凝土应用面临的重要课题。在基本提升理论方面需进行重点研究,尤其关注混凝土材料微结构特征对其超低温稳定性的影响;同时,在混凝土材料配合比设计方面需进行针对性创新发展。本书探究了多种因素对温度场温度传递的影响,如果尝试着分析不同因素对温度变形的影响,并建立起联系,可以对超低温下冻融破坏机理作出更好的解释。

(4)超低温混凝土应用研究。超低温混凝土的应用涉及极端环境下服役工程结构的安全性,基于此,超低温混凝土当前的应用广度和深度都有相当的局限性。一方面,当前对超低温混凝土的了解不足;另一方面,缺乏相应的政策支持。事实上,超低温混凝土已在 LNG 储罐领域有了应用先例,证明其具有可靠的安全性。此外,还应积极探索其他潜在应用领域,尤其是未来深空探索中永久基地的建设。

1.6 研究意义

极端条件下材料物理与化学是 21 世纪材料学研究的前沿领域之一,具有极大的发展空间。超低温混凝土因其使用环境的特殊性,可应用于 LNG 储罐、月球建筑等重大战略性超低温工程,具有重要的潜在战略应用价值。为保证超低温工程结构的服役安全,探索超低温极端条件下混凝土的力学行为及其微观机理十分必要。

本书系统研究了超低温及其冻融环境下水泥基材料力学性能、温度变形性能、温度场分布和孔结构演变规律,探明了超低温及其冻融过程中孔隙水相变与迁移过程。在此基础上,阐明了孔隙水相变/迁移与力学性能、温度变形、温度场、孔结构演变规律之间的关系,并从孔隙水相变/迁移的角度,提出了合理的水泥基材料超低温力学性能增强机理和超低温冻融破坏机理。以期研究成果能为解决混凝土在超低温极端环境下应用的科学问题与关键技术提供科学指导。

参考文献

[1] 蒋正武,梅世龙.机制砂高性能混凝土[M].北京:化学工业出版社,2015.

[2] 蒋正武,龙广成,孙振平.混凝土修补:原理、技术与材料[M].北京:化学工业出版社,2009.

[3] KUMAR S, KWON H T, CHOI K H, et al. LNG:An eco-friendly cryogenic fuel for sustainable development[J]. Applied Energy,2011,88(12):4264-4273.

[4] KIM M J, KIM S, LEE S K, et al. Mechanical properties of ultra-high-performance fiber-reinforced concrete at cryogenic temperatures [J]. Construction and Building Materials,2017,157:498-508.

[5] BURGH J M, MUHLISIC E. Design and construction aspects of concrete LNG outer containment tanks [C]//Australasian Structural Engineering Conference 2012:The past,present and future of

Structural Engineering. Barton，A.C.T.：Engineers Australia，2012：233-240.

［6］JACKSON G，POWELL J，VUCINIC K，et al. Delivering LNG tanks more quickly using unlined concrete for primary containment［J］. PO-10，LNG，2004：14.

［7］骆晓玲,齐长勇,程换新.大型液化天然气储罐的发展研究[J].机械设计与制造,2009(9)：255-257.

［8］REGINALD B K，SRINATH R I，ZACHARY C G，et al. Correlation between thermal deformation and microcracking in concrete during cryogenic cooling［J］. NDT & E International，2016，77：1-10.

［9］严春妍,李午申,薛振奎,等.LNG 储罐用 9％Ni 钢及其焊接性[J].焊接学报,2008(3)：54-57,160.

［10］WEI D，ZHOU M Z，ZHANG Y C，et al. Dynamic behavior of LNG storage tank during leakage conditions［C］//International Society of Offshore and Polar Engineers，2010.

［11］LAHLOU D，RACHID M. Thermomechanical response of LNG concrete tank to cryogenic temperatures［J］. Defect and Diffusion Forum，2011，312-315：1021-1026.

［12］GILLARD M，LESLIE M J，VAUGHAN D J，et al. Liquefied natural gas tank analysis：cryogenic temperatures and seismic loading［J］. Engineering & Computational Mechanics，2012，165(1)：49-56.

［13］JACKSON G，POWELL J. A novel concept for offshore LNG storage based on primary containment in concrete［C］//The 13th International Conference and Exhibition on Liquefied Natural Gas，2001.

［14］JOHN A A . Introduction to LNG safety［J］. Process Safety Progress，2005，24(3)：144-151.

［15］时旭东,汪文强,钱磊,等.不同含水率混凝土遭受常温至－190℃间冻融循环作用的抗压强度试验研究[J].低温工程,2017(2)：17-22.

［16］时旭东,刘超,李亮,等.亚高温持续作用混凝土受压强度试验研究[J].建筑结构,2011,41(8)：106-109.

［17］刘麟玮.混凝土低温特性引起的预应力损失试验研究[D].天津：天津大学,2016.

［18］ARVIDSON J M，SPARKS L L，STEKETEE E. Mechanical properties of concrete mortar at low temperatures［J］. NBS Report，1982.

［19］MANUEL E，JAIME P. Measurement of tensile strength of concrete at very low temperatures［J］. Journal Proceedings，1982，79(3)：195-200.

［20］陈嘉健.试析超低温冻融循环对混凝土材料性能的影响[J].城市建筑,2017(2)：184-184.

［21］HANAOR A，SULLIVAN P. Factors affecting concrete permeability to cryogenic fluids［J］. Magazine of Concrete Research，1983，35(124)：142-150.

［22］BEVERLY L. LNG storage tanks：concrete in an ultra-coldenvironment［J］. Concrete Construction，1983，28(6)：465-466.

［23］张月,王为民,李明鑫,等.大型液化天然气储罐的发展状况[J].当代化工,2013(9)：1323-1325.

［24］扬帆,张超,王成硕,等.液化天然气储罐用 9％Ni 钢设计许用应力分析[J].石油化工设备,2012,41(6)：99-101.

［25］苏娟,周美珍,余建星,等.泄漏工况下大型 LNG 预应力混凝土储罐低温分析[J].低温工程,2010(4)：47-52.

［26］张洲.大型 LNG 储罐超低温作用效应分析[D].哈尔滨：哈尔滨工业大学,2015.

［27］蒋正武,李雄英,张楠.超低温下高强砂浆强度发展[J].硅酸盐学报,2011(4)：703-707.

[28] 蒋正武,李雄英.超低温下砂浆力学性能的试验研究[J].硅酸盐学报,2010(4)：602-607.

[29] 时旭东,马驰,张天申,等.不同强度等级混凝土－190℃时受压强度性能试验研究[J].工程力学,2017,34(3)：61-67.

[30] 吕超.混凝土给定超低温作用区间冻融性能试验研究[D].北京：清华大学,2015.

[31] 范燕平,盛余飞,李金玲,等.低温及超低温混凝土热学参数研究[J].低温建筑技术,2015,37(12)：9-11.

[32] MONFORE G E, LENTZ A E. Physical properties of concrete at very low temperatures [J]. Journal of the PCA Research and Development Laboratories, 1962, 145：33-39.

[33] MONTEIRO P J, RASHED A I, BASTACKY J, et al. Ice in cement paste as analyzed in the low-temperature scanning electron microscope [J]. Cement and Concrete Research, 1989, 19(2)：306-314.

[34] WANG K, MONTEIRO P J, RUBINSKY B, et al. Microscopic study of ice propagation in concrete [J]. ACI Materials Journal, 1996, 93(4)：370-377.

[35] VEEN V. Properties of concrete at very low temperatures：A survey of the literature [D]. Delft：Delft University of Technology, 1987.

[36] MARSHALL A L. Cryogenic concrete [J]. Cryogenics, 1982, 22(11)：555-565.

[37] TOGNON G. Behavior of mortars and concretes in the temperature range from ＋20℃ to －196℃ [C]//The 5th International Congress on the Chemistry of Cement. Part 3, 1968：229-249.

[38] MIURA T. The properties of concrete at very low temperatures [J]. Materials and Structures, 1989, 22：243-254.

[39] 李凯雯,刘娟红,张超,等.超低温及低温循环对混凝土材料性能的影响[J].材料导报,2021,35(S2)：183-187.

[40] KIM M J, YOO D Y, KIM S, et al. Effects of fiber geometry and cryogenic condition on mechanical properties of ultra-high-performance fiber-reinforced concrete [J]. Cement and Concrete Research, 2018, 107：30-40.

[41] JIAN X, LI X, WU H. Experimental study on the axial-compression performance of concrete at cryogenic temperatures [J]. Construction and Building Materials, 2014, 72：380-388.

[42] BERNER D E, GERWICK B C. Static and cyclic behavior of structural lightweight concrete at cryogenic temperatures [M]. Springer Japan, 1985：439-445.

[43] WIEDEMANN G. Zum einfluss tiefer temperaturen auf festigkeit und verformung von beton [D]. Germany：Technical University of Braunschweig, 1982.

[44] LAHLOU D, AMAR K, SALAH K. Behavior of the reinforced concrete at cryogenic temperatures [J]. Cryogenics, 2007, 47(9-10)：517-525.

[45] USHEROV-MARSHAK A V, ZLATKOVSKII O A. Relationship between the structure of cement stone and the parameters of ice formation during stone freezing [J]. Colloid Journal, 2002, 64(2)：217-223.

[46] BROWNE R D, BAMFORTH P B. The use of concrete for cryogenic storage：A summery of research, past and present [C]//Proceedings of the 1st International Conference on Cryogenic Concrete, Newcastle upon Tyne, 1981：135-162.

[47] 刘超.混凝土低温受力性能试验研究[D].北京：清华大学,2011.

[48] ZHANG L, LI Z, JIA Q, et al. Experimental study on uniaxial compressive strength of reservoir ice [J]. Transactions of Tianjin University, 2012, 18(2): 112-116.

[49] JIANG Z, DENG Z, ZHU X, et al. Increased strength and related mechanisms for mortars at cryogenic temperatures [J]. Cryogenics, 2018, 94: 5-13.

[50] OKADA T, IGUROM. Bending behaviour of prestressed concrete beams under low temperatures [J]. Journal of Japan Prestressed Concrete Engineering Association, 1978, 20(8): 15-17.

[51] LEE G C, SHIH T S, CHANG K C. Mechanical properties of concrete at low temperature [J]. Journal of Cold Regions Engineering, 1988, 2: 13-24.

[52] GOTO Y, MIURA T. Experimental studies on properties of concrete cooled to about minus 160℃ [J]. Technology Reports, Tohu University, 1979, 44(2): 357-385.

[53] ROSTÁSY F S. Verfestigung und versprodung von beton durch tiefe temperaturen, Fortschritte im Konstruktiven Ingenieurbau [J]. Ernst & Sohn, Berlin, 1984: 229-239.

[54] WANG C X, XIE J, LI H J. Experimental research on the properties of concrete under low-temperature [J]. Engineering Mechanics, 2011, 28(S2): 182-186.

[55] YAN J B, XIE J. Behaviours of reinforced concrete beams under low temperatures [J]. Construction and Building Materials, 2017, 141: 410-425.

[56] YAMANE S, KASAMI H, OKUNO T. Properties of concrete at very low temperatures[J]// Douglas McHenry International Symposium on Concrete and Concrete Structures. American Concrete Institute Special Publication, 1978, 55: 207-222.

[57] ZHANG S S, YU T, CHEN G M. Reinforced concrete beams strengthened in flexure with near-surface mounted (NSM) CFRP strips: Current status and research needs [J]. Composites Part B: Engineering, 2017, 131: 30-42.

[58] YAN J B, XIE J. Experimental studies on mechanical properties of steel reinforcements under cryogenic temperatures [J]. Construction and Building Materials, 2017, 151: 661-672.

[59] ELICES M, CORRES H, PLANAS J. Behavior at cryogenic temperatures of steel for concrete [J]. ACI Journal Proceedings, 1986, 83(3): 405-411.

[60] BRUNEAU M, UANG C M, SABELLIR. Ductile design of steel structures [M]. 2nd ed. McGraw Hill Professional, 2011.

[61] ELICES M, CORRES H, PLANAS J. Behaviour at cryogenic temperatures of steel for concrete reinforcement [J]. ACI Technical Paper, 1986: 405-411.

[62] XIE J, EDGAR S S, LEI G C, et al. Experimental study on bonding properties between steel strand and concrete at cryogenic temperatures [J]. Transactions of Tianjin University, 2016, 22(4): 308-316.

[63] VANDEWALLE L. Bond between a reinforcement bar and concrete at normal and cryogenic temperatures [J]. Journal of Materials Science Letters, 1989, 8: 147-149.

[64] BERNER D E. Behavior of prestressed concrete subjected to low temperatures and cyclic loading [D]. Berkeley: California University, Berkeley (USA), 1984.

[65] FIP. Cryogenic behaviour of materials for prestressed concrete [R]. State of the Art Report, 1982.

[66] ROSTÁSY F S, SCHNEIDER U, WIEDEMANN G. Behavior of mortar and concrete at extremely low temperatures [J]. Cement and Concrete Research, 1979, 9: 365-376.

[67] JIANG Z, DENG Z, LI W, et al. Freeze-thaw effect at ultra-low temperature on properties of mortars [J]. Journal of the Chinese Ceramic Society, 2014, 42(5): 596-600.

[68] KHAYAT K H, POLIVKA M. Cryogenic frost resistance of lightweight concrete containing silica fume [J]. ACI Special Publication, 1989, 114: 915-928.

[69] JIANG Z, LI W, DENG Z, et al. Experimental investigation of the factors affecting accuracy and resolution of the pore structure of cement-based materials by thermoporometry [J]. Journal of Zhejiang University-Science A, 2013, 14(10): 720-730.

[70] HE B, XIE M, JIANG Z, et al. Temperature field distribution and microstructure of cement-based materials under cryogenic freeze-thaw cycles [J]. Construction and Building Materials, 2020, 243: 118-256.

[71] KOGBARA R B, IYENGAR S R, GRASLEY Z C, et al. A review of concrete properties at cryogenic temperatures: Towards direct LNG containment [J]. Construction and Building Materials, 2013, 47: 760-770.

[72] PAHLAVAN L, BLACQUIÈRE G. Fatigue crack sizing in steel bridge decks using ultrasonic guided waves [J]. NDT & E International, 2016, 77: 49-62.

[73] ZHENGWU J, CONG Z, ZILONG D, et al. Thermal strain of cement-based materials under cryogenic temperatures and its freeze-thaw cycles using fibre Bragg grating sensor [J]. Cryogenics, 2019, 100: 1-10.

[74] POWELL R W. Thermal conductivities and expansion coefficients of water and ice[J]. Advances in Physics, 2000, 7(26): 276-297.

[75] SETZER M J. Mechanical stability criterion, triple-phase condition, and pressure differences of matter condensed in a porous matrix [J]. Journal of Colloid & Interface Science, 2001, 235(1): 170-182.

[76] CHIRDON W M, AQUINO W, HOVER K C. A method for measuring transient thermal diffusivity in hydrating Portland cement mortars using an oscillating boundary temperature [J]. Cement and Concrete Research, 2007, 37(5): 680-690.

[77] 曾强. 水泥基材料低温结晶过程孔隙力学研究[D]. 北京: 清华大学, 2012.

[78] MONTEIRO P J M, MEHTA P K. Concrete: Microstructure, properties and materials [J]. McGraw-Hill Professional, 2006, 13(4): 499-499.

[79] POWERS T C. A working hypothesis for further studies of frost resistance of concrete [J]. Journal Proceedings, 1945: 245-272.

[80] POWERS T C, WILLIS T F. The air requirement of frost resistant concrete [J]. Highway Research Board Proceedings, 1950: 184-211.

[81] S ZHENHUA, SCHERER G W. Effect of air voids on salt scaling and internal freezing [J]. Cement and Concrete Research, 2010, 40(2): 260-270.

[82] POWERS T C, HELMUTH R. Theory of volume changes in hardened portland-cement paste during freezing [J]. Highway research board proceedings, 1953: 285-297.

[83] VALENZA J J, SCHERER G W. A review of salt scaling: II. Mechanisms [J]. Cement and Concrete Research, 2007, 37(7): 1022-1034.

[84] SCHERER G W. Crystallization in pores [J]. Cement and Concrete research, 1999, 29(8):

1347-1358.

[85] SETZER M J. Micro ice lens formation and frost damage[C]//Draft Proceedings of the Minneapolis Workshop on Frost Damage in Concrete in USA, 1999, 14: 1-15.

[86] SETZER M J. Micro-ice-lens formation in porous solid [J]. Journal of Colloid and Interface Science, 2001, 243(1): 193-201.

[87] SETZER M J. Micro ice lens formation, artificial saturation and damage during freeze thaw attack [J]. Materials for Buildings and Structures, 2005, 6: 175-182.

[88] VALENZA J J, SCHERER G W. Mechanism for salt scaling [J]. Journal of the American Ceramic Society, 2006, 89(4): 1161-1179.

[89] VALENZA J J, SCHERER G W. A review of salt scaling: I. Phenomenology [J]. Cement and Concrete Research, 2007, 37(7): 1007-1021.

[90] VALENZA J J, SCHERER G W. Mechanisms of salt scaling [J]. Materials and Structures, 2005, 38(4): 479-488.

[91] COUSSY O. Poromechanics [M]. New Jersey: John Wiley & Sons, 2004.

[92] COUSSY O. Mechanics and physics of porous solids [M]. New Jersey: John Wiley & Sons, 2011.

[93] COUSSY O, MONTEIRO P J M. Poroelastic model for concrete exposed to freezing temperatures [J]. Cement and Concrete Research, 2008, 38(1): 40-48.

第2章 超低温及其冻融循环下水泥基材料性能表征方法

水泥基材料在超低温下常常表现出与常温下不同的性能变化,只有选择或设计出合理的研究方法,方可获得超低温对水泥基材料各种性能影响的真实测试数据,才能更清楚地认识到材料随温度变化的劣化行为,进而更深入地揭示水泥基材料性能演变规律及劣化机制。因此,设计出合理的超低温下水泥基材料性能表征方法以精确测量其在超低温环境中的性能,对材料、力学和物理等基础研究和高精技术应用发展至关重要。

2.1 超低温下水泥基材料力学性能测试方法

试验设备对试验结果的影响极其显著,许多适用于常温下的仪器装置因其自身材料或结构的温度耐受性较差而不能在超低温环境中正常工作。为完成超低温下水泥基材料性能的探索,国内外许多学者提出以下两种方案:一是将试件降温至目标温度,然后对试件采取保温措施,在常温下实现加载;二是改进试验设备,使降温和加载试验全程在超低温环境下进行。张楠等[1]对以上两种方案进行对比试验,发现常温加载方案所得到的混凝土强度值较超低温下加载时偏低,不能准确反映混凝土在低温及超低温下的真实强度。由于普通保温措施难以对超低温下的混凝土试块实现良好的保温效果,冷冻后的混凝土试块一旦接触空气,表面升温快而内部升温缓慢,导致混凝土内部形成温度应力并造成表面酥裂,致使试验结果发生偏差。

2.1.1 超低温下水泥基材料力学性能测试系统

1. 全闭式

该方法是使待测试件在整个测试过程中均保持在超低温环境中,包括降温—升温过程和加载过程,待每个试件测试完成后方可取出[2-4]。该方法采用全闭式力学性能测试系统,将超低温控制系统和力学性能测试系统融合在同一装置上,可以实现混凝土在同一装置上连续冻融以及加载破坏过程,可测试低温拉伸、压缩、弯曲、剪切、断裂韧性、动态力学疲劳等性能。这样既排除了混凝土中温度传感器对强度的影响,也减小了外部环境对试件内外温度稳定性的影响,使试验结果更准确。

该测试装置包括万能试验机、温度控制单元、固定框架检测单元、计算机以及针对不同测试项目和测试试样配套的超低温专用夹具,如图 2.1 和图 2.2 所示。该系统采用超低

温液体(液氮、液氦)降温的方式,最大荷载为 2 000 kN。温度控制系统可将温度设置为
-196~350℃,升降温速率在 0.5~6℃/min 可调,通过液氮冷却的方式可实现超低温,通
过电阻丝加热的方式可实现高温,加热功率为 2~7 kW。为更精确地测定超低温下混凝
土在加载过程中的变形过程,试件表面夹具上分别设置有多个超低温引伸计,其工作温度
范围为-200~350℃,变形测量范围为-3~15 mm。同时还设有多个声发射传感器,信
号源频段为 80~400 kHz。

图 2.1　超低温下混凝土力学性能测试系统[1]

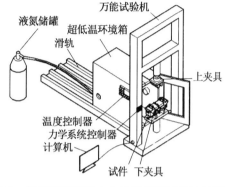

图 2.2　超低温下混凝土力学性能测试系统示意图[1]

2. 半开式

该方法通过简化混凝土试件的超低温冷冻操作,采用液氮或液氦作为冷却剂,将待测
试件放入盛有液氮或液氦的容器中进行冷却,再将待测试件与液氮容器整体放入万能材
料试验机上。Kim 等[5-7]利用该方法测试混凝土的抗压强度、拉伸强度和抗弯强度等,如
图 2.3~图 2.5 所示。该方法在十字头上安装一个测力传感器,并在试件两侧设置两个传
感器,分别测量拉伸应力和裂纹口张开位移值。为了减小拉伸试验期间偏心力的影响,还
使用了固定销。在每次进行拉伸试验之前,用铅锤检查试样的对齐情况,加载速率由位移
控制,速率为 0.4 mm/min。该方法不能对整个试样提供充足的液氮冷冻,同时还需要采
用缺口来检验超低温试样断裂吸能能力的影响。

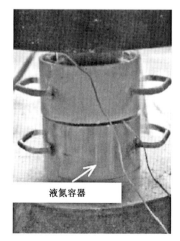

图 2.3　超低温下混凝土抗压试验[6]

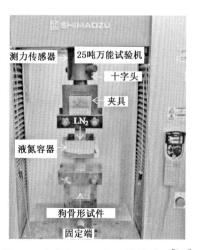

图 2.4　超低温下混凝土拉伸试验[5, 6]

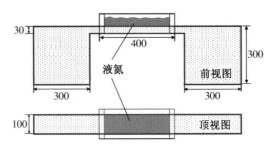

图 2.5 超低温下混凝土弯曲试样(单位:mm)[7]

3. 两段式

该方法通过将养护至规定龄期的待测试件放入超低温环境试验箱,进行超低温下混凝土冻融试验,待试件冻融至一定的时间或次数后,取出试件并移到万能材料试验机上,测试试件的力学性能。该测试系统主要包括超低温温控试验箱、温度数据采集仪和万能材料试验机等。

(1)超低温温控试验箱

该超低温温控试验箱由超低温箱、自增压液氮罐、循环风机、液氮分配器、低温电磁阀、泄压阀和控制系统等构成(图 2.6,图 2.7)。箱体使用不锈钢材制作,保温材料为聚氨酯,具有良好的保温作用。采用电磁阀控制液氮蒸发量自动控制超低温箱温度,换热后的氮气由泄压阀排出。降温和升温速率控制原理是由双设定时间继电器控制低温电磁阀通断间隔时间,通过调整间隔时间来控制降温速率,在达到设定温度后通过热电阻进行升温。箱体自带温度传感器,可实时测定并显示内部环境温度,温控开关可对液氮的进入量进行控制,当箱体内部达到设定温度后,温度恒定为设定温度。运行温度范围为-190~100℃,升降温速率范围为 0.2~10℃/min,力学性能试验过程中降温速率为 1℃/min,各温度段保温时间为 30 min。测试过程中可采用预埋热电偶的方式,全程监控试样表面及中心温度,可根据试验需要实时调节测试温度范围、升降温速率及恒温时间等参数。

图 2.6 超低温温控试验箱

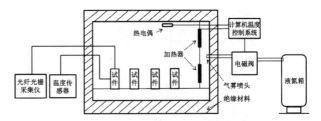

图 2.7 超低温温控试验箱原理图

(2)万能材料试验机

该万能材料试验机主要包括主机、控制系统和软件等,如图 2.8 所示。在对试件进行规定龄期或冻融循环次数的超低温冻融后,迅速将试件取出并放至万能材料试验机上,对超低温冻融循环后的混凝土试件进行力学性能测试。具体测试要求参考《普通混凝土力学性能试验方法标准》(GB/T 50081—2016),可测试混凝土试件的性能包括:拉伸、压缩、弯曲、剪切、扭转、断裂韧度等静态力学性能；疲劳裂纹扩展速率；拉拉疲劳、拉压疲劳、压压疲劳、扭转疲劳、拉(压)扭复合疲劳等疲劳性能。

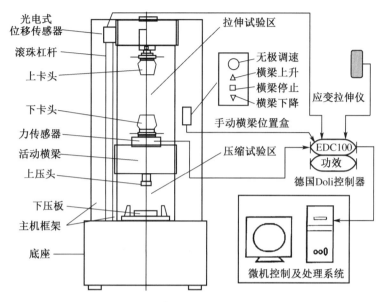

图 2.8　微机控制电子式万能材料试验机示意图

2.2.2　超低温升降温制度

1. 温度监测

温度监测数据采集采用 Fluke 数据采集仪(图 2.9)，最低测温可达−200℃。所用热电偶为欧米伽 T 型热电偶。使用前，采用标定过的热电偶对其他热电偶进行标定。将需要标定的热电偶置于不断升温的沸水中，间隔一定的时间用水银温度计手动测定其温度。测试结束后将两者数据进行拟合标定，进一步确定热电偶的温度灵敏性，以验证本试验所用热电偶具有优异的温度灵敏性。

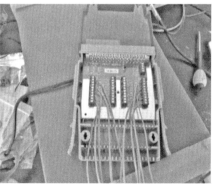

图 2.9　Fluke 数据采集仪及采集模块

2. 升降温制度

超低温冻融试验在液氮超低温温控试验箱中进行,采用气冻气融方式,降温过程为 $20 \sim -170℃$,降温速率为 $0.5℃/min$,当温度降至 $-170℃$ 时,保温 1 h,使试件内部与环境温差减小;升温过程为 $-170 \sim 20℃$,升温速率为 $0.5℃/min$,当温度升至 $20℃$ 时,保温 1 h,保温可以使试样中心达到设定温度。由于试样尺寸较小,升降温速率较慢,试样内部最大温度梯度不超过 $0.6℃$。超低温温控试验箱工作制度如图 2.10 所示。

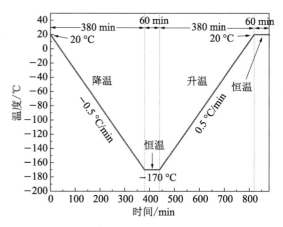

图 2.10 超低温温控试验箱内部温度曲线设定

2.2 超低温下混凝土热变形性能测试方法

低温下孔隙水结冰后体积膨胀直接影响水泥基材料的温度变形行为。经典冻融破坏理论中提及的静水压、结晶压等局部应力都有可能对材料宏观变形产生影响,对超低温下水泥基材料温度变形的研究有助于深入了解孔隙水相变、迁移过程以及冻融破坏过程。超低温下水泥基材料孔隙水完全结冰,对材料温度变形行为影响更为显著。此外,在从常温到超低温这样的大跨度温度范围环境中,水泥基材料内部各组分也会因热膨胀系数的不同而产生较大的温度应力、应变,进而引发破坏。因此,研究水泥基材料超低温温度变形行为对研究孔隙水相变、迁移过程以及冻融破坏过程具有重要意义。

然而,诸多传统的应变测试方法不再适用于超低温环境。我们曾采用超低温电阻应变片测量混凝土的温度应变,所用应变片在 $-120℃$ 以下即失效,更难以应用于 $-165℃$ 的超低温环境,其他仪器也面临着超低温下失效或者精度不够等问题。因此,需要研究和开发一种新的超低温混凝土温度应变测试方法。光纤光栅(Fiber Bragg Grating,FBG)测量水泥基材料的应变在常温及高温下已有较好的应用实例[11-13],但在超低温下仅有少量研究[14-16],其实际应用则更为少见。超低温下,光纤光栅传感器温度与波长的关系不再是常温下的线性关系,超低温温度与波长的关系需要进一步论证。此外,光纤光栅在超低温应用过程中容易出现因黏结剂热膨胀系数不匹配而引起的啁啾效应,导致光纤光栅传感器失效。因此,光纤光栅能否用于测量超低温下水泥基材料温度应变也需要进一步进行试验研究。

2.2.1 光纤光栅法测量超低温下混凝土的热应变

1. 测试设备

(1)温度数据采集仪

温度数据采集采用 Fluke 数据采集仪(图 2.9)。所用热电偶为欧米伽 T 型热电偶,使用前需对热电偶进行标定。

（2）光纤光栅传感器

光纤光栅解调仪采用苏州南智 16 通道光纤光栅解调仪（图 2.11）。光纤光栅传感器为苏州南智光纤光栅温度传感器和光纤光栅栅点（图 2.12）。

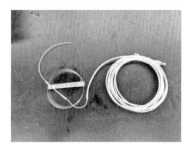

（a）光纤光栅温度传感器　　　　（b）光纤光栅栅点

图 2.11　光纤光栅解调仪　　　　图 2.12　光纤光栅传感器

2. 传感器制备

如何避免超低温下光纤光栅传感器测试过程中的啁啾效应是解决光纤光栅超低温应用的难点。由于光纤光栅啁啾效应主要是由黏结材料、被黏结材料以及光纤本身热膨胀系数的极大差异引起，因此，本试验从传感器制备角度，采用多种传感器制备方法，以期最大程度减少甚至避免啁啾效应的产生。

（1）光纤光栅的粘贴

为避免预埋式光纤光栅传感器封装材料对水泥基材料温度变形的影响，试验采用水泥基材料来制备光纤光栅应变传感器。先成型直径为 10 mm 的净浆芯样，在芯样两侧粘贴光纤光栅，如图 2.13 所示。光纤的各层套管、纤芯先用低温胶水固定后，再将栅区用一薄层低温胶固定在水泥净浆芯样表面。这一层低温胶主要用来防止预埋时水泥浆体对栅区造成物理性破坏或碱性环境的化学侵蚀。

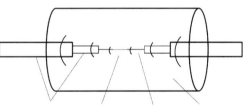

套管　　光纤光栅区　　光线纤芯　　水泥净浆芯样

图 2.13　光纤光栅传感器的制作

（2）FBG 传感器的制作

① 先成型直径为 10 mm 的净浆芯样，在其两侧用低温环氧胶粘贴光纤光栅，在标准养护条件下养护 3 d，如图 2.14（a）所示。

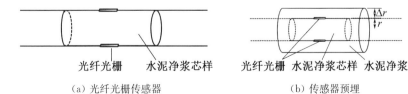

光纤光栅　　水泥净浆芯样　　　　光纤光栅　水泥净浆芯样　水泥净浆

（a）光纤光栅传感器　　　　　　　（b）传感器预埋

图 2.14　水泥基光纤光栅温度应变传感器

② 在步骤①养护完成后,在净浆芯样外围再成型一层厚约 5 mm 的净浆,用以物理隔离光纤光栅与被测水泥基材料,如图 2.14(b)所示。

③ 商品铠装 FBG 传感器。

以上传感器预埋于直径为 100 mm 的被测试样中心,制成待测试样。

3. 测试制度

每组试样分温度试样与变形试样,在温度试样中心预埋一只光纤光栅温度传感器和 T 型热电偶。在变形试样中预埋图 2.14(a)所示的光纤光栅应变传感器。成型后在 20℃ 水中养护 28 d。

试样养护完成后,用保鲜膜将试样包裹两层,防止空气冻融过程中水分流失。温度试样在侧面中间和底面中间各粘贴一个 T 型热电偶以实时监测其温度分布。

试验温度变化范围为 20～－170℃,升降温速率为 0.5℃/min,降温结束后在－170℃ 保温 1 h,升温结束后在 20℃ 保温 1 h,以使试样中心温度达到预设温度。

4. 计算理论及模型

(1) 理论基础

布拉格光纤光栅反射波长 $\lambda_b = 2nd$,其中,n 为光纤光栅有效折射率,d 为光纤光栅栅距,如图 2.15 所示。

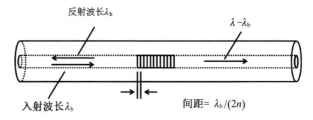

图 2.15　光纤光栅原理图

FBG 应变传感器中心反射波长主要受弹光效应及热光效应影响,其反射波长变化分数为

$$\frac{\delta \lambda_b}{\lambda_b} = (1 - p_e)\frac{\delta l}{l} + \frac{\delta n}{n} \tag{2.1}$$

式中,p_e 为有效弹光系数,常温下为常数;常温下 $\frac{\delta l}{l}$ 和 $\frac{\delta n}{n}$ 与温度变化量成正比。

又 $\alpha_{sub} = \frac{1}{l}\frac{dl}{dT}$,$\alpha_{sub}$ 为基体材料热膨胀系数,$\xi = \frac{1}{n}\frac{dn}{dT}$,$\xi$ 为热光系数。将 α_{sub},ξ 代入式(2.1),有:

$$\frac{\delta \lambda_b}{\lambda_b} = (1 - p_e)\alpha_{sub}\Delta T + \xi \Delta T \tag{2.2}$$

(2) 光纤光栅温度传感器计算模型

对于温度传感器,在常温下,式(2.2)中第一项远小于第二项,可以忽略不计,式(2.2)可以近似写为

$$\frac{\delta\lambda_b}{\lambda_b} = \xi\Delta T \tag{2.3}$$

但在超低温下，α_{sub} 和 ξ 随温度变化而变化，式(2.3)不再通用，式(2.1)可写为

$$\frac{\delta\lambda_b}{\lambda_b} = (1 - p_e)\frac{1}{l}\frac{dl}{dT}\Delta T + \frac{1}{n}\frac{dn}{dT}\Delta T \tag{2.4}$$

经计算验证，即使在 $-200\,℃$ 条件下，第一项仍比第二项小两个数量级，可以忽略不计，式(2.4)可以近似写为

$$\frac{\delta\lambda_b}{\lambda_b} = \frac{1}{n}\frac{dn}{dT}\Delta T \tag{2.5}$$

在超低温下，若 $\frac{\delta\lambda_b}{\lambda_b}$ 与 ΔT 有固定的一对一关系式，则光纤光栅温度传感器可以用来测量超低温下的温度。

（3）光纤光栅应变传感器计算模型

对于光纤光栅应变传感器，$\frac{1}{l}\frac{dl}{dT}$ 长度变化由材料应变 ε 决定，即

$$\frac{\delta\lambda_b}{\lambda_b} = (1 - p_e)\varepsilon\Delta T + \frac{1}{n}\frac{dn}{dT}\Delta T \tag{2.6}$$

其中，$\frac{1}{n}\frac{dn}{dT}\Delta T$ 可由标定温度传感器获得，p_e 已知，从而可以通过波长变化测得材料应变。

综上，从理论计算角度而言，光纤光栅传感器可以用来测量材料的超低温温度及应变。

2.2.2　超精密干涉仪测试超低温下混凝土的热膨胀系数

1. 测试装置

测试所用仪器均是基于超精密干涉仪（Ultra Precision Interferometer，UPI）进行。如图 2.16 所示，超精密干涉仪是一种用多模光纤实现应用空间非相干光源减少寄生干涉的 Twyman-Green 干涉仪。将直径为 70 mm 的平行光束打入真空室，并用楔形玻璃板分割成参考光和探测束。探测束被样品反射并与分束器后参考反射镜所反射的光产生干涉，在面阵 CCD 上成像。超精密干涉仪使用波长分别为 532 nm，633 nm 和 780 nm 的三种稳频激光器进行工作。

将相同材料的样品拧至压板上，在探测束中充当反射镜。温度传感器

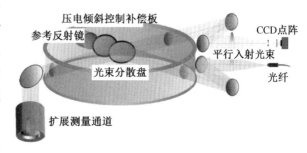

图 2.16　超精密干涉仪原理图

包含在样品中心的钻孔中。参考光中的补偿板通过压电倾斜控制以实现相移。每个波长处可记录10个相移干涉图,从而可以得到样品正面和板的表面相形貌。基于样品中心的亚像素级定位,定义未包裹相平均值的区域为兴趣区域(ROI),如图 2.17(b)中的矩形区域。每个样本正面的 ROI 位于平板上两个 ROI 之间的中心。根据这些平均值,可以确定每个所使用波长的分数干扰阶数。样品的绝对长度用相应波长倍数描述,这比采用精确分数法确定的要更长[17],其测量的不确定度在 1 nm 之内[18]。由于放置在主真空室中的样品温度会在283~323 K 之间变化,为了将温度范围扩大到超低温,超精密干涉仪配备了一个扩展测量通道(EMP),该通道通过一个如图 2.16 所示的窗口与主真空室分离。EMP 的冷却系统由一个两级脉冲管冷却器(PTC)组成,它可以使样品温度从环境温度持续变化到 7 K。为了在大范围内进行精确的温度测量,将两个铑铁温度传感器放置在样品本身(图 2.17)或虚拟块中,拧到同一压板上。传感器经过校准,在超低温下的屈服不确定度为 15 mK,在环境温度下线性增加至 25 mK。

(a) 两个由氮化硅陶瓷制成的样品(左起:SN-Pu 和 SN-GP)

(b) 用于长度测量的相位地形[测量波长 λ 为 532 nm(标度:1=λ/2)和兴趣区域(ROI)]

图 2.17　测试装置实物图

测量过程中,使用压力为 1 mbar(1 mbar=10^{-4} MPa)的低压氦气作为接触气体,以增强热化并确保温度均匀。在冷却和测量期间,使用 900 mbar 压力的保护性氦气,以稀释残余气体,并将压差降低到环境空气压力,从而减少泄漏量。此外,电磁脉冲内部真空室和周围隔离真空室之间压力梯度的反转,完全抑制了周围真空室的泄漏,但同时也带来了一个副作用,即冷却所需的时间更短。对于高于 35 K 温度的测量,需关闭 PTC 使温度在测量过程中缓慢上升。低的加热速率虽然限制了一天内可以研究的温度间隔,但确保了均匀的温度分布。使用这种方法,在一个冷却周期中可以进行任意温度段内区间为 15 K 的研究。当温度低于 35 K 时,在测量过程中需保持 PTC 运行,根据其频率触发相机来尽可能减少振动带来的影响。

2. 样品制作

样品形貌需要有两个平行的端面,该端面表面必须光滑平整且可以发生镜面反射

("光学性能"),压板的表面也是如此。这实际上意味着所涉及表面的最大平滑性偏移
(PV)必须大于 30 nm(λ/20),同时也是样品能被拧压(光学接触)到压板上的先决条件。
为了精确定义样品的长度,其端面必须相互平行,即 x 和 y 方向的平行度要求为 $4''$(或分
别为 20 nm/mm = 20 μrad)。为了保证最终性能测量的准确性,样品长度应不小于
30 mm,但其最大长度为 50 mm。

由于温度传感器尺寸太大,无法直接连接到微小的样品上,因此需要一个额外样品来
承载温度传感器。同时,为了便于插入温度传感器,每个样品需包含一个直径为 3.5 mm
$\pm$0.05 mm 的较长的孔,且孔的位置必须在样品的一半长度上。

在超精密干涉仪中,最多可以同时测量两个由相同材料制成的样品。两个样品都必
须拧压到一个压板上,且样品和压板必须由相同的材料制成,以避免扭曲或断裂。压板的
厚度为 14 mm$\pm$2 mm,横截面为 24 mm$\times$36 mm。对于透明材料,两个端面之间必须存
在 $10'\pm3'$ 的端角度。

3. 热膨胀系数计算

为了根据温度变化下的绝对长度测量值确定热膨胀系数(CTE),在此根据 ISO 定
义[19]计算 CTE:

$$\alpha(T) = \frac{1}{l_{RT}} \frac{dl(T)}{dT} \tag{2.7}$$

式中,$l(T)$ 是随温度变化的样品长度;l_{RT} 是室温下的长度($T_{RT} = 293.15$ K)。

要根据式(2.7)确定 CTE,需要知道长度与温度的函数关系,这可通过对数据拟合来
获得(如对多个区域的数据进行多项式拟合[20])。当温度范围较大时,本方法中多项式的
阶次和拟合区域的选择都会增大 CTE 测定的不确定度。因此,为了使不确定度更小,需
要从物理层面推导出整个温度范围内的函数描述。

在固态物理的简单模型中可以得到 CTE 的描述[21]。忽略声子色散和 Grüneisen 参
数的温度依赖性,CTE 可以表示为与定容单位体积比热 $c_v(T)$ 成正比。利用爱因斯坦比
热模型,可以描述比热随温度的变化关系,得到 CTE 随温度变化的粗略描述。对其中几
个"爱因斯坦项"求和[21],可以得到一个方便且合适的 CTE 近似值:

$$\alpha(T) = \frac{1}{l_{RT}} \sum_{i=1}^{m} a_i \left(\frac{\theta_i}{T}\right)^2 \frac{e^{\theta_i/T}}{(-1+e^{\theta_i/T})^2} \tag{2.8}$$

其长度为

$$l(T) = l_0 + \sum_{i=1}^{m} a_i \frac{\theta_i}{-1+e^{\theta_i/T}} \tag{2.9}$$

拟合函数 $l(T)$ 有 $2m+1$ 个自由参数,即 l_0,a_i 和 θ_i。参数 l_0 是 $T=0$ K 时的长度。
θ_i 具有温度单位,但并不直接具有物理性质,尽管它们大致与声子态密度的频谱峰值有
关。m 的值取决于材料特性。例如对于硅,$m=3$,即 $n=7$ 个自由参数就足够了。

为了从测量数据中提取 CTE,将 $l(T)$ 基于 Levenberg-Marquardt 算法应用内置函

数非线性模型拟合得到长度与温度数据点 $\{T_j, l_j\}$。在拟合中，数据使用 $1/u^2$ 加权，其中 u_i 表示长度和温度的单个测量产生的总测量不确定度。将 SCS 样品的残差数据与温度相关长度的不确定度的数据绘制在一起，并进行拟合得到图 2.18(a)的数据集。残差的分布证明了拟合函数的适当性，允许在整个温度范围内进行统一拟合。根据式(2.8)推导的 CTE 数据拟合在图 2.18(b)中，并给出了相应的测量不确定度。

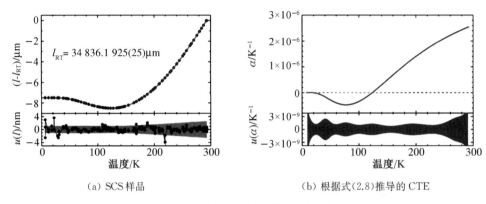

(a) SCS 样品   (b) 根据式(2.8)推导的 CTE

图 2.18　数据拟合结果及不确定度

拟合函数不仅限于硅，也适用于其他立方结构的晶体材料，甚至 SiC 陶瓷，如 SiC-100 或 HB-Cesic。尽管后者的 CTE 表现出最小值，并且需要扩展到 $n=4$ 才能充分解释它，这导致对于 SCS 或 SiC-100，拟合参数为 $n=9$ 而不是 $n=7$。图 2.19(a)中绘制了两种 SiC 陶瓷样品的绝对长度与温度的拟合关系图。图 2.19(b)则显示了推断所得的 CTE。

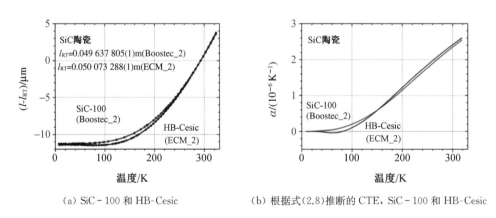

(a) SiC-100 和 HB-Cesic   (b) 根据式(2.8)推断的 CTE, SiC-100 和 HB-Cesic

图 2.19　两种 SiC 陶瓷样品的数据拟合结果

4. 不确定度估计

数据点的不确定度主要在长度和温度测量的过程中产生。一般而言，不确定度的评估方法包括以下两类：A 类（通过统计方法评估）和 B 类（不通过统计方法评估）[22]。对纯长度测量的不确定度评估，根据文献[18]得到 A 型 $u_A(l) \approx 1$ nm 和 B 型 $u_B(l) < 1$ nm。温度测量的不确定度完全被视为 B 类不确定度 $u_B(T)$，因为它明显大于 A 类不确定度。评估按文献[6]，并通过如下公式：

$$u_{B,T}(l) = u_B(T) \sqrt{\left(\frac{dl}{dT}\right)^2 + u\left(\frac{dl}{dT}\right)^2} \tag{2.10}$$

这里 $u\left(\dfrac{dl}{dT}\right) \approx 2 \times 10^9 l_{RT}$ 是导数的不确定度,当导数为零时,不确定度仍为 dT。关于温度变化的长度数据的不确定度是通过求各项的平方和得到,其公式如下:

$$u(l) = \sqrt{u_A(l)^2 + u_B(l)^2 + u_{B,T}(l)^2} \tag{2.11}$$

拟合方程(2.9)得到长度与温度的函数关系。对于不确定度传播定律的 A 型不确定度拟合估计,要求除了方差 $c_{ii} = u(p_i)^2$ 外,还要考虑协方差 c_{ij},它是拟合 $l(T)$ 的 $n \times n$ 阶协方差矩阵的对角和非对角元素。因此,A 型不确定度的拟合方程如下:

$$u_A[l(T)] = \sqrt{\sum_{i=1}^{n} \sum_{j=1}^{n} \frac{\partial l(T)}{\partial p_i} \frac{\partial l(T)}{\partial p_j} c_{ij}} \tag{2.12}$$

式中,$\dfrac{\partial l(T)}{\partial p_i}$ 是 $l(T)$ 对参数 p_i 的偏导数。

类似地,CTE 的 A 型不确定度拟合结果如下:

$$u_A[\alpha(T)] = \sqrt{\sum_{i=1}^{n} \sum_{j=1}^{n} \frac{\partial \alpha(T)}{\partial p_i} \frac{\partial \alpha(T)}{\partial p_j} c_{ij}} \tag{2.13}$$

式中,$\dfrac{\partial \alpha(T)}{\partial p_i}$ 是 $\alpha(T)$ 对参数 p_i 的偏导数。

如果拟合函数选得不适当,B 型评估就有可能出现错误。为了分析这一点,残差的邻接中值拟合必须要考虑。从振幅可推断出 B 型误差的估计值 $u_{B,model} l(T) \approx 1 \text{ nm}$。因此,拟合长度的 B 型不确定度可通过 CTE 的 A 类不确定度 $u_A[\alpha(T)]$ 与长度的 A 类不确定度 $u_A[l(T)]$ 的比值来预测:

$$\begin{cases} u_B[l(T)] = \sqrt{u_B(l)^2 + u_{B,T}(l)^2 + u_{B,model}(l)^2} \\ u_B[\alpha(T)] = \dfrac{u_A[\alpha(T)]}{u_A[l(T)]} u_B[l(T)] \end{cases} \tag{2.14}$$

此外,还考虑了一种不确定度的影响,即对所研究温度范围边界增加的不确定影响。这反映在该范围之外,方程描述是否合适是无法通过测量证明的,因此,接近边界的斜率更难确定。这对于 $T = 0$ 的情况尤其重要,因为不仅 $\lim\limits_{T \to 0} \alpha(T) = 0$,而且 $\lim\limits_{T \to 0} u_A[\alpha(T)] = \lim\limits_{T \to 0} u_B[\alpha(T)] = 0$,因此不存在 CTE 的不确定度。上述斜率的不确定度是在所研究的温度范围 $\Delta T = T_{max} - T_{min}$ 的中心温度 $T = T_{min} + \Delta T/2$。

$$u_{\partial}[\alpha(T)] = \frac{\sqrt{2} u_A(l)}{l_{RT}(\Delta T - 2|\bar{T} - T|)} \tag{2.15}$$

$$u_B[\alpha(T)] = \sqrt{u_A[\alpha(T)]^2 + u_B[\alpha(T)]^2 + u_{\partial}[\alpha(T)]^2} \tag{2.16}$$

由所有这三种不确定度影响的总和得到了图 2.18(b)中绘制的 SCS 样品 CTE 的总不确定度。

2.3 超低温下混凝土孔结构测试方法

常规的孔结构测试方法包括热孔计法(Thermoporometry，TPM)、核磁共振冷冻法(Nuclear Magnetic Resonance-Cryoporometry，NMR-C)、核磁共振弛豫时间法(Nuclear Magnetic Resonance-Relaxometry，NMR-R)、压汞法(Mercury Intrusion Porosimetry，MIP)、氮吸附法(Nitrogen Adsorption/Desorption，NAD)、小角散射法(Small Angle Scattering，SAS)、图像法等，不同的测试方法基本原理不同，可测得的孔径范围不一，应用条件也有所区别。原理上，对于水泥基材料内部孔结构在超低温下的结构特征可使用热孔计法和核磁共振冷冻法进行表征，这两种方法均利用了低温下水的相变特征间接获取孔结构信息，可用于表征超低温下水泥基材料孔结构的演变，而其他方法无此优势。以下将介绍热孔计法、核磁共振冷冻法与核磁共振弛豫时间法、压汞法、氮吸附法以及小角散射法等测孔方法。

2.3.1 热孔计法

孔隙水相变是超低温下水泥基材料性能发生重大变化的主要原因。孔隙水相变过程本身极为复杂，影响因素繁多，孔隙水结冰过程与机理并未完全探明，而水泥基材料复杂的孔结构，使得孔隙水相变过程的研究更为困难。对水泥基材料孔隙水相变过程的研究是认识其超低温冻融过程中水分迁移、超低温性能变化的基础。

热孔计法这一测孔方法于 20 世纪 70 年代提出[23]，随后在多孔玻璃、分子筛等多孔材料中得到试验验证与应用[24-29]。直至 2000 年后，热孔计法才开始被研究用于水泥基材料的孔结构表征[30-33]。

对比其他孔结构测试方法[如压汞法(MIP)、氮吸附法(NAD)、扫描电镜法(SEM)、小角散射法(SAS)]，热孔计法具有以下优点：①任意温度下，孔隙冰的体积可以直接计算得到；②测试介质是水，样品处理过程简单，对样品孔结构的破坏很小[8]；③测试过程中，水结冰的结晶压对孔隙壁造成的压力仅为压汞法压力的 1/10，对孔隙壁的破坏远小于压汞法[34]。热孔计法在实际应用中也有一些限制：①只能用于表征孔径为 2~100 nm 的介孔，测孔范围较窄，也无法直接获取孔隙率数据；②目前实际应用范围不如压汞法、氮吸附法广泛[24]；③孔隙水与孔隙壁之间的相互作用机理尚未完全探明，这会给热分析结果的计算带来一定误差。

以上几种孔结构表征方法各有其优缺点，热孔计法则因可测得任意低温下孔隙冰的含量而更加适用于研究低温环境下多孔材料的孔结构。目前为止，关于热孔计法在水泥基材料中的研究与应用十分有限，仅有近几年 Sun 等[30, 35-36]和 Johanesson 等[31-32]的几篇文献可作参考。水泥基材料的孔结构更为复杂，孔隙水中也会掺入各种其他离子，从而影响孔隙溶液冰点，给孔结构表征结果带来误差。综上所述，热孔计法适用于表征低温环境下多孔材料结构特征、计算任意低温下孔隙冰含量。热孔计法作为一种孔结构表征方法在水泥基材料中广泛应用还需要进一步的理论研究以及更多的试验数据支撑。

差示扫描量热分析(Differential Scanning Calorimeter，DSC)是热孔计法的一种，是在程序控制温度下测量输入到试样与参比物的能量差随温度或时间变化的一种技术。差热分析中试样与参比物及试样周围的环境存在较大的温差，它们之间会进行热传递，降低热效应测量的灵敏度和精确度，因此，到目前为止，大部分差热分析技术还不能进行定量分析工作，只能进行定性或半定量的分析工作，难以获得变化过程中的试样温度和反应动力学的数据[37]。DSC 是为克服差热分析在定量测定上存在的这些不足而发展起来的一种新的热分析技术。该分析方法通过对试样因热效应而发生的能量变化进行及时的、应有的补偿，保持试样与参比物之间温度始终相同，无温差、无热传递，使热损失小，检测信号大。因此，DSC 在灵敏度和精确度方面都有很大的提高，可进行热量的定量分析工作。

$$\frac{dV_{fp}}{dr_p} = m_{fp}(T) = \left(\frac{dQ}{dt}\frac{dt}{dT}\frac{dT}{dr_p}\right)\frac{1}{m_d \Delta H_f(T)\rho_{fp}(T)} \tag{2.17}$$

影响 DSC 测试结果的因素主要有样品、试验条件和仪器。样品因素主要包括样品的性质、粒度以及参比物的性质。有些试样如聚合物和液晶的热历史对 DSC 曲线也有较大的影响。试验条件因素主要是升温速率，它会影响 DSC 的峰温和峰形。升温速率越大，一般峰温越高，峰面积越大，峰形越尖锐，但这种影响在很大程度上还与试样种类和受热熔变的类型密切相关。升温速率对有些试样相变熵的测定值也有影响。此外，炉内气氛类型和气体性质也有影响，气体性质不同，峰的起始温度和峰温甚至过程的熵变都会不同。试样用量和稀释情况对 DSC 曲线也有影响。

2.3.2　核磁共振冷冻法与核磁共振弛豫时间法

核磁共振冷冻法[38]是根据 Gibbs-Thomson 方程，测量孔溶液的滞后融点获得孔信息。核磁共振弛豫时间法[25]是假设孔壁与孔中的液体分子发生快速交换，其弛豫时间 T_1 或 T_2 同表面积与体积之比 (S/V) 成正比，通过测量孔壁吸附分子的弛豫时间变化来获取孔信息。

1. NMR-C 原理

研究者[38-40]认为，孔溶液的融点滞后与孔尺寸和面积/体积比有关，而成核平衡又与界面曲率有关。因此，由 Gibbs-Thomson 公式，可得 ΔT 与液体本身的固相性质以及两相界面间的相互作用有关：

$$\Delta T = \frac{K}{x} \tag{2.18}$$

式中，x 为孔直径；K 为材料相关常数；ΔT 为滞后融点。

由此可得出孔径分布与温度的关系为

$$\frac{dV}{dx} = \frac{K}{x^2} \cdot \frac{dV}{dT(x)} \tag{2.19}$$

与热孔计法测融化热不同,NMR-C 主要测液体融化体积。

2. NMR-R 原理

NMR-R 是利用孔溶液分子的快速移动影响弛豫时间来对孔结构进行表征的[40]。而 M. Brai 等[41]发现,虽然 NMR 的纵向弛豫时间(T_1)和横向弛豫时间(T_2)都可以获得材料的孔径分布,但理论持续时间短的 T_2 能获得更精确的数据。这是因为 T_1 分布的磁力几乎不受非均匀相影响,而 T_2 分布的磁力受非均匀相的影响则很强。

假设体积为 V、表面积为 S 的球形孔能被水填满,水分子自扩散系数为 D_0,常规水的横向弛豫时间为 $T_{2,\text{bulk}}$。

对于孔壁附近的水分子,横向弛豫时间 $T_{2,\text{meas}}$ 会比 $T_{2,\text{bulk}}$ 短,两者关系为

$$\frac{1}{T_{2,\text{meas}}} = \frac{1}{T_{\text{bulk}}} + \frac{S}{V}\rho_{2,\text{surf}} \tag{2.20}$$

式中,$\rho_{2,\text{surf}}$ 为界面弛豫。

多孔材料的表面积与体积之比(S/V)一般很大[28],因此,$T_{2,\text{bulk}} \gg T_{2,\text{meas}}$,即

$$(T_{2,\text{meas}})^{-1} \approx \frac{S}{V}\rho_{2,\text{surf}} \tag{2.21}$$

由此,单孔磁化函数 $M(t)$ 可表示为

$$M(t) = M_0 \exp\left(-\frac{t}{T_{2,\text{meas}}}\right) = M_0 \exp\left(-\frac{tS}{V}\rho_{2,\text{surf}}\right) \tag{2.22}$$

对于连续孔径分布,磁化函数 $M(t)$ 为

$$M(t) = M_0 \int_0^\infty P(T_2) \exp\left(-\frac{t}{T_2}\right) dT_2 \tag{2.23}$$

式中,$P(T_2)$ 为 T_2 对应孔的体积分数。

3. NMR 特点

研究者[42]发现,NMR-R 易受噪声影响且所得孔径分布较宽,以至于很难与其他测孔方法所得数据进行比较,而 NMR-R 理论中的参数 ρ 是随孔表面形状而变化的,这导致即便对同一材料,其所测横向弛豫也会有明显差异[43]。

与 NMR-R 不同,NMR-C 由于自身的特点只能探测到孔径小于 100 nm 的孔结构。但研究者[29]将其结果与 TPM 和 NAD 比较,发现 NMR-C 是一种准确的测孔技术。

相对于其他测孔技术,NMR-C 的优势在于:能分析比 TPM 更大、形状各异的样品[39];避免了如 NAD 和 MIP 的高压所造成的材料变形,还可表征局部特性[44-45]。同时,由于其较好的精确性和可重演性,也使其成为校正 NMR-R 的主要手段。此外,在有效分析范围内,NMR-C 还可与光谱法、漫射法和成像法等技术相结合,对孔型、连通性、非均匀性和界面作用进行研究[39]。

但由于 NMR-C 是通过表征孔内溶剂融点的滞后间接表征孔尺寸。因此,介质溶液应具备易润湿表面、较大 K 值、融点接近室温、不易挥发和形变,且可在孔隙内结晶,并产

生明显的 NMR 信号差异等特点[44]。Petrov 等[46]对不同介质溶液进行了研究,发现其各自滞后融点与 S/V 和 dS/dV 等孔型参数有关,而与介质溶液性质本身无关。

4. 研究进展

近年来,大量研究者[45, 47, 48]开始采用 NMR-C 或 NMR-R 表征硬化水泥浆体孔隙结构,并取得了较好效果。最近,J. P. Korb[45]还提出,由于 NMR-C 具有测试速度快的特点,使得连续观测水泥水化过程成为可能。

但在水泥基材料中,水中 ^1H 会与孔壁 ^1H 上顺磁体 Fe^{3+} 相互作用,使 NMR 在研究普通水泥基材料方面受到阻碍[48]。目前,无论是 NMR-R 还是 NMR-C,研究者一般都采用含铁相低甚至是不含铁的白色硅酸盐水泥进行研究[34]。

此外,Marc Fleury 等[49]还发现,NMR-R 会受温度影响,使 T_2 分布峰出现重合而产生误差,为此提出了一种新方法 T_2-store-T_2 NMR 来克服这些劣势,但仍有许多问题有待解决。

2.3.3　压汞法

压汞法是根据经典 Washburn 方程,假设所测孔为半径为 r、长度为 l 的圆柱形刚性孔,且汞能全部进入其内部,由此间接获取孔信息[50-52]。当汞从表面进入孔内部时,如孔与表面连通,汞可渗到最小孔中;如不连通,汞会破坏孔墙而渗入样品。当汞侵入速率最大时,表明汞已侵入孔内部;最大汞压所对应的侵入体积与样品的孔隙率有关[53]。

由于孔型和连通性并非理想状态,使得 MIP 不能提供准确的孔信息[54]。一方面,由于汞无法进入小孔或封闭孔,使所得孔隙率比实际值小;又因为汞会破坏小孔或密封孔壁,从而弥补了上述因素所带来的不足[55]。同时,S. Diamond[56]认为,随机分布的水泥基材料孔被形状各异的孔喉连通,使得汞必须克服更大压力经过孔喉,才能侵入孔腔中。虽然不影响孔隙率结果,但增加了孔径分布结果中小孔所占比例,且所得表面积也相应增大。而降压时,由于颈部比腔内的汞更难退出,使得退汞曲线滞后[51]。另一方面,实际孔表面的形态各异会增大或减小毛细管压力[57]。而汞和固体表面的实际接触角除与汞的洁净度有关外,还受固体表面化学性质、均匀性和粗糙度影响。因此,不同材料,接触角也不同,所致偏差也各异[51]。

此外,研究者发现试验条件也会对结果产生很大影响。由于毛细管效应和吸附效应使得水进入小孔,从而阻碍汞侵入。因此,随湿度增加,所测孔隙率会降低,孔径分布会向更大孔径偏移,孔径平均值也变大[52]。但 S. Chatterji[58]将 MIP 用于水泥石研究时,发现干燥情况下会使样品产生大量不可逆微裂缝,使评估总孔隙率时出现新的不确定性因素,而 C. Gallé[54]认为,孔结构要比总孔隙率所受影响更大。同时,汞压会使样品压缩变形甚至破坏,而汞本身所具有的可压缩性也会导致孔隙率不准[50]。随着扫描速率增大,汞没有足够的时间侵入孔内,导致最小可测孔变大,其对应体积变小,平均孔径变大,从而影响测孔结果。

如今,MIP 已经在多孔材料研究中广泛运用,但由于标准 MIP 本身的限制,使其所得孔信息并不精确。S. Diamond[56]甚至认为,MIP 由于与水泥基材料孔的实际情况差距过大,已不适合水泥相的孔研究。但 S. Wild[59]认为,尽管 MIP 有局限,但由于相比气体吸附法、热孔计法,它仍然可以有效表征大孔结构。为此,研究者开始对 MIP 进行改进。Liu 和 Winslow[60]通过加压—减压—再加压的方法,发现汞的退出和侵入过程是完全可逆的,并把水泥基材料的孔体系分为可逆侵入孔和不可逆侵入孔两部分,并认为可逆侵入孔与迁移能力有关。而 Yoshida 和 Kishi 也利用汞的逐步增降压循环得出了连通孔和非连通孔的体积。此外,Jian Zhou 等[52]提出了一种 PDC-MIP 方法,与 MIP 相比,PDC-MIP 与 NAD、SEM 图像分析法所得结果更相似,并发现其测得孔尺寸比标准 MIP 所测值大。

2.3.4　氮吸附法

氮吸附法[61]基于表面张力和毛细管压力,运用 BJH 和 BET 原理确定孔隙率、表面积和孔径分布。

目前一般采用非连续或连续两种测试方法来确定吸附等温线[62]。只有连续吸附足够慢时,才能提供连续平衡等温线,如果操作适当,可获得非连续测试无法获得的信息。

与 MIP 汞压不同,NAD 氮气压随孔的减小而减小,这使得吸附几乎不受孔的连通性影响[63]。又由于 NAD 对样品的破坏要比 MIP 产生的汞压破坏小,使所得的孔信息更加精确。同时,针对不同的孔径,NAD 可采用不同的理论模型,使其结果更接近实际情况[50]。但由于气体吸附主要依靠微孔,而且吸附力较弱,所以 NAD 只能表征微孔及中孔的比表面积和孔径分布[64],无法判定孔形状和半定量分析微孔孔径分布[62]。此外,孔喉也会导致脱吸曲线滞后[65]。

BET 理论测比表面积 S_{BET} 需知氮单分子面积 a_m,它与吸附剂、吸附物和运行温度有关[62],这一不确定性会影响到 NAD 分析。同时,当相对压力较小时,氮分子层无法满足多层吸附要求;而当相对压力较大时,会出现吸附和毛细管凝聚现象,阻碍物理吸附层数增加,从而产生负面影响[50]。此外,NAD 的低温环境会使样品发生收缩变形,从而影响分析结果。为此,研究者[66]提出体积模量 K_0,并认为它是纠正收缩引起等温线误差的关键因素,合理评价体积模量 K_0 可减小收缩变形所带来的负面影响。

目前,研究者主要针对 NAD 的缺陷进行改进。为了避免瓶颈孔所带来的误差,Josef Kaufmann[67]在进行 NAD 分析前,采用一种熔化的 Wood 金属,通过降温凝固对瓶颈孔进行填充,减小其误差。此外,G. Reichenauer[66]提出收缩模型来减缓 NAD 冷却所带来的误差。通过收缩模型校正后,所得结果与小角散射法的结果一致。但此模型仍然很粗糙,不能用其得出不同孔尺寸的收缩。

2.3.5　小角散射法

小角散射法主要利用的亚散射粒子为 X 射线和中子,在进行小角散射时,都会产生相匹配的波长,但两者的物理机理完全不同[68]。小角 X 射线散射(Small Angle X-ray Scattering, SAXS)是利用电子之间的相互作用,而小角中子散射(Small Angle Neutron Scattering, SANS)是利用原子核之间的相互反应。由于 X 射线更为普及,所以 SAXS 使用更为广泛。

研究者[69,70]通过假设材料为两个平均电子密度各异的均相体系,且忽略两相界面层厚度,对散射强度 $I(q)$-散射波矢量 q 作图,从而获得孔径分布。

大多研究者[68,71]普遍认为,散射波矢量 $q=4\pi\sin\theta/\lambda$,其中 λ 为波长,θ 为半散射角。

但研究者对散射强度 $I(q)$ 却看法各异。P. W. Schmidr 等[71]认为,$I(q)=I_0q^{-\alpha}$,当材料不规则时,$\alpha(=Dm)\leqslant 3$;仅表面不规则时,$3.0\leqslant\alpha(=6-Ds)\leqslant 4.0$,即 $2\leqslant Ds\leqslant 3$;对于光滑或规则的样品,$\alpha=4$。而后来的研究者认为散射强度会受多重因素影响。如 N. Cohaut 等[69]认为,散射强度 $I(q)$ 与单位体积所占界面面积 S_v 和倾斜值 β 有关,即

$$I(q)=I_1(q)+I_2(q)=\frac{2\pi S_v}{q^4}+\frac{\beta}{q^2} \tag{2.24}$$

而 Peter J. Hall 等[68]认为,散射强度 $I(q)$ 与散射核 $G(q,r)$、X 射线覆盖体积 $V(r)$、散射物质的正常分布函数 $f(r)$ 和散射物质的尺寸 r 都有关,即

$$I(q)=N_0C_{s,p}\int_0^\infty G(q,r)[V_p(r)^2f(r)]\mathrm{d}r \tag{2.25}$$

L. Liang 等[70]依据 Porod 理论、Debye 理论和 Guinier 理论,认为散射强度 $I(q)$ 与单电子散射强度 I_e、两相电子密度差 $\Delta\rho$、X 射线覆盖体积 V 和电子密度的空间相关函数 $\gamma(r)$ 有关,即

$$I(q)=I_e(\Delta\rho)^2V\int_0^\infty\gamma(r)\frac{\sin q_r}{q_r}4\pi r^2\mathrm{d}r \tag{2.26}$$

SAXS 作为一种无损探测非均相结构或密度涨落的技术,可测定 $1\sim 200$ nm 范围内的孔和均相中的杂质及溶剂中的大分子等。与其他电子光学显微镜不同,SAXS 提供了大多数非均相的统计信息,还可对材料中的不规则碎片结构进行定量分析[72]。对于复杂体系,SAXS 可克服其他技术所存在的局限性,获取更完整的闭合孔和连通孔信息,且可测湿样品[73]。此外,SAXS 可直接凭借材料自身的特性对孔分布进行测定[74],且不需要任何介质参与。但由于材料并非理想体系,一般两相之间会有一个扩散界面层,其电子密度会出现涨落,使散射增强而产生偏差。

随着第三代同步加速器的出现,SAXS 的测试范围有了很大扩展,不仅可表征静电结构,而且还能测到失衡体系的瞬时动向。SAXS 独有的特征之一在于能提供纳米级的结构信息,且时间可缩短至毫秒,通过扫描薄样品,还可得到样品小范围的局部信息[42]。但原理方面,还需要进一步研究提出更具价值的理论体系,为 SAXS 的发展提供条件。

2.4　超低温下混凝土其他性能表征方法

2.4.1　水化硅酸钙凝胶低温脆性表征

高分子材料的低温脆性以玻璃化温度为尺度,玻璃化转变温度 t_g 因物质不同而异,

对同一物质因添加物、制造工艺及热历史不同而异,主要由物质的分子量、分子结构、结晶程度等决定。高分子材料的 t_g 值一般在常温到 200 K 范围内。根据高分子的运动力形式不同,绝大多数聚合物材料通常可处于以下三种力学状态:玻璃态、高弹态和黏流态,如图 2.20 所示。玻璃化转变是高弹态和玻璃态之间的转变,从分子结构上讲,玻璃化转变温度是高聚物无定形部分从冻结状态到解冻状态的一种松弛现象。玻璃态一般是指在温度较低时,材料为刚性固体状,与玻璃相似,在外力作用下只会发生非常小的形变。在玻璃化转变温度时分子链虽不能移动,但是链段开始运动,表现出高弹性质,温度再升高,就使整个分子链运动而表现出黏流性质。在玻璃化转变温度以下,高聚物处于玻璃态,分子链和链段都不能运动,只是构成分子的原子(或基团)在其平衡位置振动。

本节主要通过 DSC 技术测试 C—S—H 凝胶的热流与温度的关系,其原理是在温度发生变化的条件下,测量试样和参比物的热流与温度的关系。试验采取的降温制度为 $-70\sim80℃$,升温速率为 $20℃/\mathrm{min}$。C—S—H 凝胶热流曲线如图 2.21 所示。

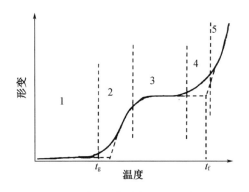

1—玻璃态;2—过渡态;3—高弹态;4—过渡态;5—黏流态;
t_g—玻璃化温度;t_f—黏流温度。

图 2.20　高分子材料的形变-温度曲线[63]

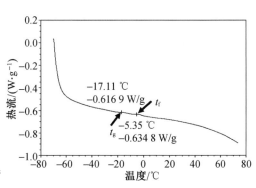

图 2.21　C—S—H 凝胶热流曲线

无定形高聚物或结晶高聚物无定形部分在升温过程达到它们的玻璃化转变温度时,被冻结的分子微布朗运动开始,从而使得物质的比热容变大。用 DSC 可以测定出样品比热容随温度的变化而产生的改变,在 DSC 曲线上表现为基线发生偏移,出现一个台阶。根据以上特征,从图 2.21 中可以看出:C—S—H 凝胶的玻璃态转变温度为 $-17.11℃$,高弹态转变温度为 $-5.35℃$。说明在 t_g(即 $-17.11℃$)以下,C—S—H 凝胶均处于玻璃态阶段,具有较高的脆性,进一步说明 C—S—H 在低温及超低温下均具有温脆效应。一般来说,C—S—H 凝胶作为非晶态的高分子材料,通常在低温环境下,在力学上表现为模量高和形变小,质硬而脆。因此,在超低温及其冻融循环条件下,C—S—H 凝胶的性能变化对水泥基材料强度增强具有一定意义。

2.4.2　超低温下孔溶液结冰压

一般认为盐的存在将降低溶液的冰点,可减少混凝土的冻害,是正效应。但盐的存在还会产生 5 个负效应：①提高饱水度；②过冷溶液最终结冰将增加破坏作用；③因盐浓度差导致的分层结冰将产生应力差；④撒除冰盐融化混凝土表面的冰雪时，将引起额外的热冲击而产生破坏应力；⑤盐因过饱和在孔中产生盐结晶而形成结晶压。由此推出，盐的正反两方面的综合作用结果就是中低浓度盐溶液引起的混凝土破坏最严重这一结论[75,76]。然而事实上，一旦冻结温度明显低于冰点时，盐降低溶液冰点对混凝土冻害产生的正效应将失去意义，溶液结冰压测定结果证明了这一点[77]。在超低温环境下，孔溶液的结冰过程将产生巨大的结冰压力，对混凝土的孔结构产生极大危害。

1. 结冰压测试

如图 2.22 所示，利用橡胶垫圈将溶液密封在钢筒中，并将其固定在力传感器上，并施加一个 1 000 N 的约束，然后将整个设备放入 $-20℃±2℃$ 的冰箱中，通过数据采集装置获得结冰过程中的压力变化，并按式(2.27)计算结冰压：

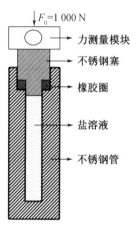

图 2.22　结冰压测试装置示意图[78]

$$P = \frac{F - F_0}{\pi r^2} \tag{2.27}$$

式中，P 表示结冰压，MPa；F 表示结冰过程中压力达到平衡时的力，N；F_0 表示预加约束荷载，为 1 000 N；r 表示不锈钢筒的半径，为 6 mm。

2. 不同溶液超低温下的结冰压

对饱和 $Ca(OH)_2$ 溶液和质量分数为 3% 的 NaCl 溶液分别进行了超低温下的结冰压测试。温度变化范围为 $20 \sim -170℃$，降温速率均为 $-0.5℃/min$，温度降至 $-170℃$ 时，保持 3 h，而后以 $0.5℃/min$ 的升温速率升至 20℃，试验时长约 16 h。结冰压-时间曲线如图 2.23、图 2.24 所示。

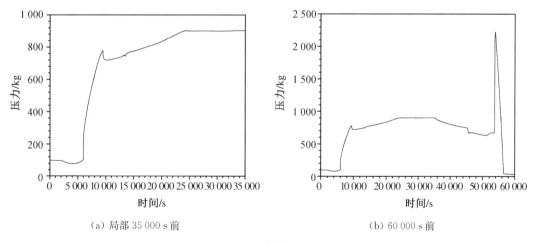

(a) 局部 35 000 s 前　　　　　　　(b) 60 000 s 前

图 2.23　$Ca(OH)_2$ 溶液结冰压-时间曲线

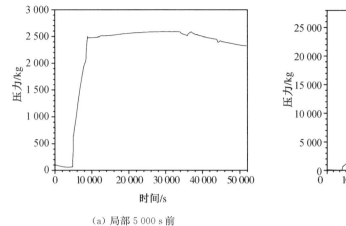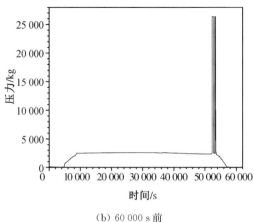

（a）局部 5 000 s 前　　　　　　　（b）60 000 s 前

图 2.24　质量分数为 3% 的 NaCl 溶液结冰压-时间曲线

溶液在超低温下的相变过程信息通常较难监测获得，该孔溶液结冰压测试装置可获得不同溶液在不同超低温环境下的结冰压力，通过结冰压的变化可有效反映出溶液在超低温下的相变过程。但目前仍然无法准确地识别结冰压变化与冰晶相变的对应关系，这还需进一步研究确定。

2.4.3　相对动弹性模量试验

本试验通过测定试块的动弹性模量来分析超低温—常温冻融循环过程对水泥基材料劣变的影响。

相对动弹性模量试验如下：先将试块在完全饱水状态下经一次超低温冻融循环，测定其动弹性模量数据，由此判定相对动弹性模量损失。本试验根据超声波测量原理采用 CTS - 25 型非金属超声波检测仪（图 2.25）获得动弹性模量。

用该仪器所测得的是超声波在试块表面传播的时间 t，可以求得超声波在试块表面的波速度：

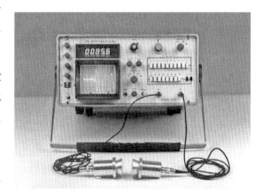

图 2.25　非金属超声波检测仪

$$V_r = \frac{L}{t} \tag{2.28}$$

式中，L 为试块的长度。

固体材料的动弹性模量与其表面波速度之间的关系为

$$E_d = \frac{2(1+\mu)^3}{0.87+1.12\mu}\rho V_r^2 \tag{2.29}$$

式中，ρ 为固体的密度；V_r 为表面波速度；μ 为泊松比，对硬化混凝土来讲，μ 一般在 0.2~

0.3 之间，如取 $\mu = 0.2$ 时，则

$$E_d = 2.888 \rho V_r^2 \tag{2.30}$$

其相对动弹性模量可按下式计算：

$$P = \frac{V_r^2}{V_{ro}^2} \times 100\% \tag{2.31}$$

式中，V_{ro} 为初始表面波速度。

超声波法检测原理如下：置于固体表面的纵波换能器将发出轴向的平面波，即纵波、横波以及微弱的径向边缘波，换能器还发射能量更强的表面波并沿固体表面传播。波形的前部应是纵波，因为它的波速最大，但其振幅很小；波形后面部分振幅突然增大，是由于波速小于纵波的表面波到达，但它的信号最强。采用超声多点表面平测法，测试时首先确定纵波的初至点以及表面波的初至点和第一个峰值点，为与横向振动共振法作对比，试验中尽量做到超声法与共振法测距和测点都相同，测距从试件端部算起，测得混凝土材料的表面波速度后，对于密度已知的混凝土来讲，则可由式（2.30）求得混凝土材料的动弹性模量。

超声波法检测混凝土结构抗冻性的方法研究，仿照超声波测混凝土强度的基本思路，通过回归分析建立了检测混凝土结构抗冻性校准曲线，从数理统计结果得出：混凝土动弹性模量与超声波速度之间存在着良好的相关性，每组相关系数非常接近 1。对于回归方程效果的检验，由相对标准误差计算值很小，可知回归方程所揭示的规律性很强，说明回归方程预测的混凝土动弹性模量值比较精确。因此，对应于混凝土结构中测量到的某一波速，可由曲线获得其相应的动弹性模量值，再根据该动弹性模量值与初始动弹性模量值之比，评估混凝土结构的抗冻性能。

测试时用黄油或其他耦合剂使探头与被测介质良好接触，从而获得较精确读数。本试验中所采用耦合剂为浆糊。

实际仪器读得的超声脉冲传播时间 $t' > t$，即

$$t' = t + t_0 \tag{2.32}$$

这里的 t_0 即零读数，零读数的产生是因仪器、电缆、探头中存在种种电延时和声延时，故即使发射、接收探头直接耦合，仪器仍有一定的时间读数，这就是零读数。它随仪器、电缆长度、换能器以及读时方法而异。所以，在测试中必须设法扣除。

参考文献

［1］张楠，廖娟，戢文占，等.混凝土低温力学性能及试验方法［J］.硅酸盐学报，2014，42(11)：1404-1408.

［2］蒋正武，何倍，朱新平.极端温度环境下混凝土受力变形的测试装置及测试方法：CN110618038A［P］.2019-12-27.

［3］YAN J B，XIE J. Experimental studies on mechanical properties of steel reinforcements under cryogenic temperatures［J］. Construction and Building Materials，2017，151：661-672.

[4] 李春宝,程旭东,李金玲.超低温环境下钢筋力学性能测试装置研制[J].低温建筑技术,2014,36(8)：15-17.

[5] KIM M J, YOO D Y, KIM S, et al. Effects of fiber geometry and cryogenic condition on mechanical properties of ultra-high-performance fiber-reinforced concrete [J]. Cement and Concrete Research, 2018, 107：30-40.

[6] KIM M J, KIM S, LEE S K, et al. Mechanical properties of ultra-high-performance fiber-reinforced concrete at cryogenic temperatures [J]. Construction and Building Materials, 2017, 157：498-508.

[7] KIM S, KIM M J, YOON H, et al. Effect of cryogenic temperature on the flexural and cracking behaviors of ultra-high-performance fiber-reinforced concrete [J]. Cryogenics, 2018, 93：75-85.

[8] XIE J, CHEN X, YAN J B, et al. Ultimate strength behavior of prestressed concrete beams at cryogenic temperatures [J]. Materials and Structures, 2016, 50：81-94.

[9] JIANG Z, DENG Z, ZHU X, et al. Increased strength and related mechanisms for mortars at cryogenic temperatures [J]. Cryogenics, 2018, 94：5-13.

[10] 韩晓丹.超低温环境下预应力混凝土梁受弯承载力试验研究[D].天津：天津大学,2014.

[11] WONG A, CHILDS P A, BERNDT R, et al. Simultaneous measurement of shrinkage and temperature of reactive powder concrete at early-age using fibre Bragg grating sensors[J]. Cement & Concrete Composites, 2007, 29(6)：490-497.

[12] VOLKER S, EVELYN S, THOMAS K. Experimental investigation into early age shrinkage of cement paste by using fibre Bragg gratings[J]. Cement and Concrete Composites, 2004, 26(5)：473-479.

[13] LIN Y B, CHERN J C, CHANG K C, et al. The utilization of fiber Bragg grating sensors to monitor high performance concrete at elevated temperature[J]. Smart Materials and Structures, 2003, 113(13)：140-112.

[14] KIM D G, YOO W, SWINEHART P, et al. A Mendez. Development of an FBG-based low temperature measurement system for cargo containment of LNG tankers[C]// International Society for Optics and Photonics, 2007, 6770：1-12.

[15] MAXB R. Temperature dependence of fiber optic Bragg gratings at low temperatures[J]. Optical Engineering, 1998, 37(1)：237-240.

[16] GUPTA S, MIZUNAMI T, YAMAO T, et al. Fiber Bragg grating cryogenic temperature sensors [J]. Applied Optics, 1996, 35(25)：5202-5205.

[17] SCHÖDEL R. Utilization of coincidence criteria in absolute length measurements by optical interferometry in vacuum and air [J]. Measurement Science and Technology, 2015, 26(8)：1-9.

[18] SCHÖDEL R, WALKOV A, ZENKER M, et al. A new ultra precision interferometer for absolute length measurements down to cryogenic temperatures [J]. Measurement Science and Technology, 2012, 23(9)：1425-1437.

[19] Plastics-Thermomechanical analysis (TMA)-Part 2：Determination of coefficient of linear thermal expansion and glass transition temperature：ISO 11359-2-1999[S]. 1999.

[20] SCHÖDEL R, DECKER J E, PENG GS. Recent developments in traceable dimensional Measurements III-accurate extraction of thermal expansion coefficients and their uncertainties from high precision interferometric length measurements [C]// SPIE Proceedings (SPIE Optics &

Photonics 2005-San Diego, California, USA), 2005, 5879: 587901.

[21] IBACH H. Thermal expansion of silicon and zinc oxide (I)[J]. Physica Status Solidi B, 1969, 31 (2): 625-634.

[22] BIPM, IEC, IFCC, et al. Evaluation of measurement data-Guide to the expression of uncertainty in measurement [M]. JCGM, 2008.

[23] BRUN M, LALLEMAND A, QUINSON J F, et al. A new method for the simultaneous determination of the size and shape of pores: the thermoporometry[J]. Thermochimica Acta, 1977, 21(1): 59-88.

[24] LANDRY M R. Thermoporometry by differential scanning calorimetry: experimental considerations and applications[J]. Thermochimica Acta, 2005, 433(1-2): 27-50.

[25] IZA M, WOERLY S, DANUMAH C, et al. Determination of pore size distribution for mesoporous materials and polymeric gels by means of DSC measurements: thermoporometry[J]. Polymer, 2000, 41(15): 5885-5893.

[26] YAMAMOTO T, ENDO A, INAGI Y, et al. Evaluation of thermoporometry for characterization of mesoporous materials[J]. Journal of Colloid & Interface Science, 2005, 284(2): 614.

[27] QUINSON J F, DUMAS J, SERUGHETTI J. Alkoxide silica gel: Porous structure by thermoporometry[J]. Journal of Non-Crystalline Solids, 1986, 79(3): 397-404.

[28] QUINSON J F, ASTIER M, BRUN M. Determination of surface areas by thermoporometry[J]. Applied Catalysis, 1987, 30(1): 123-130.

[29] KLOETSTRA K R, ZANDBERGEN H W, KOTEN M A V, et al. Thermoporometry as a new tool in analyzing mesoporous MCM-41 materials[J]. Catalysis Letters, 1995, 33(1-2): 145-156.

[30] SUN Z H, SCHERER G W. Pore size and shape in mortar by thermoporometry[J]. Cement and Concrete Research, 2010, 40(5): 740-751.

[31] WU M, JOHANNESSON B, GEIKER M. Determination of ice content in hardened concrete by low-temperature calorimetry[J]. Journal of Thermal Analysis and Calorimetry, 2014, 115(2): 1335-1351.

[32] WU M, JOHANNESSON B. Impact of sample saturation on the detected porosity of hardened concrete using low temperature calorimetry[J]. Thermochimica Acta, 2014, 580: 66-78.

[33] JIANG Z W, LI W T, DENG Z L, et al. Experimental investigation of the factors affecting accuracy and resolution of the pore structure of cement-based materials by thermoporometry[J]. Journal of Zhejiang University Science A, 2013, 14(10): 720-730.

[34] 蒋正武,张楠,杨正宏.热孔计法表征水泥基材料孔结构的热力学计算模型[J].硅酸盐学报,2012 (2): 26-31.

[35] SUN W, ZHANG Y M, YAN H D, et al. Damage and damage resistance of high strength concrete under the action of load and freeze-thaw cycles[J]. Cement and Concrete Research, 1999, 29(9): 1519-1523.

[36] SUN Z H, SCHERER G W. Effect of air voids on salt scaling and internal freezing[J]. Cement and Concrete Research, 2010, 40(2): 260-270.

[37] 王培铭,许乾慰.材料研究方法[M].北京:科学出版社,2005.

[38] MITCHELL J, WEBBER J B W, STRANGE J H. Nuclear magnetic resonance cryoporometry [J].

Physic Reports，2008，461：1-36.

[39] STRANGE J H，MITCHELL J，WEBBER J B W. Pore surface exploration by NMR [J]. Magnetic Resonance Imaging，2003，21：221-226.

[40] VALCKENBORG R M E，PEL L，KOPINGA K. Combined NMR cryoporometry and relaxometry [J]. Journal of Physics D：Applied Physics，2002，35(3)：249-256.

[41] BRAI M，CASIERI C，LUCA F D，et al. Validity of NMR pore-size analysis of cultural heritage ancient building materials containing magnetic impurities [J]. Solid State Nuclear Magnetic Resonance，2007，32：129-135.

[42] NARAYANAN T. High brilliance small-angle X-ray scattering applied to soft matter [J]. Current Opinion in Colloid & Interface Science，2009，14：409-415.

[43] KLEINBERG R L. Utility of NMR T_2 distributions，connection with capillary pressure，clay effect，and determination of the surface relaxivity parameter ρ_2 [J]. Magnetic Resonance Imaging，1996，14 (7/8)：761-767.

[44] PETROV O V，FURÓ I. NMR cryoporometry：Principles，applications and potential [J]. Progress in Nuclear Magnetic Resonance Spectroscopy，2009，54：97-122.

[45] KORB J P. NMR and nuclear spin relaxation of cement and concrete materials[J]. Current Opinion in Colloid & Interface Science，2009，14：192-202.

[46] PETROV O V，FURÓ I. A joint use of melting and freezing data in NMR cryoporometry [J]. Microporous and Mesoporous Materials，2010，136：83-91.

[47] MCDONALD P J，RODIN V，VALORI A. Characterisation of intra- and inter-C—S—H gel pore water in white cement based on an analysis of NMR signal amplitudes as a function of water content [J]. Cement and Concrete Research，2010，40：1656-1663.

[48] VALORI A，RODIN V，MCDONALD P J. On the interpretation of ^{1}H 2-dimensional NMR relaxation exchange spectra in cements：Is there exchange between pores with two characteristic sizes or Fe^{3+} concentrations? [J]. Cement and Concrete Research，2010，40：1375-1377.

[49] FLEURY M，SOUALEM J. Quantitative analysis of diffusional pore coupling from T_2-store-T_2 NMR experiments [J]. Journal of Colloid and Interface Science，2009，336：250-259.

[50] 申丽红，巨文军.两种测定氧化铝载体孔结构方法的误差分析[J].化学推进剂与高分子材料，2010 (3)：64-66.

[51] 陈悦，李东旭.压汞法测定材料孔结构的误差分析[J].硅酸盐通报，2006，8：198-207.

[52] JIAN Z，YE G，BREUGEL K V. Characterization of pore structure in cement-based materials using pressurization-depressurization cycling mercury intrusion porosimetry (PDC-MIP) [J]. Cement and Concrete Research，2010，40：1120-1128.

[53] RAYMOND A C，HOVER K C. Mercury porosimetry of hardened cement pastes [J]. Cement and Concrete Research，1999，29：933-943.

[54] GALLÉ C. Reply to the discussion of the paper "Effect of drying on cement-based materials pore structure as identified by mercury intrusion porosimetry：a comparative study between oven-，vacuum- and freeze-drying" by Diamond S [J]. Cement and Concrete Research，2003，33：171-172.

[55] HUANG C Y，FELDMAN R F. Influence of silica fume on the microstructural development in cement mortars [J]. Cement and Concrete Research，1985，15：285-294.

［56］ DIAMOND S. Mercury porosimetry — an inappropriate method for measurement of pore size distributions in cement-based materials ［J］. Cement and Concrete Research，2000，30：1517-1525.

［57］ 谢晓永,唐洪明,王春华,等.氮气吸附法和压汞法在测试泥页岩孔径分布中的对比[J].天然气工业，2006,12：100-102.

［58］ CHATTERJI S. A discussion of the paper "Mercury porosimetry — an inappropriate method for measurement of pore size distributions in cement-based materials" by Diamond S ［J］. Cement and Concrete Research，2001，31：1657-1658.

［59］ WILD S. A discussion of the paper "Mercury porosimetry an inappropriate method for measurement of pore size distributions in cement-based materials" by Diamond S ［J］. Cement and Concrete Research，2001，31：1653-1654.

［60］ LIU Z，WINSLOW D. Sub-distributions of pore size：A new approach to correlate pore structure with permeability ［J］. Cement and Concrete Research，1995，25（4）：769-778.

［61］ MAKOWSKI W，CHMIELARZ L，KUS'TROWSKI P. Determination of the pore size distribution of mesoporous silicas by means of quasi-equilibrated thermodesorption of n-nonane ［J］. Microporous and Mesoporous Materials，2009，120：257-262.

［62］ SING K. The use of nitrogen adsorption for the characterisation of porous materials ［J］. Colloids and Surfaces A：Physicochemical and Engineering Aspects，2001，187-188：3-9.

［63］ 林晓芬,张军弘,尹艳山,等.氮吸附法和压汞法测量生物质焦孔隙结构的比较[J].碳素,2009(3)：34-41.

［64］ KAUFMANN J，LOSER R，LEEMANN A. Analysis of cement-bonded materials by multi-cycle mercury intrusion and nitrogen sorption ［J］. Journal of Colloid and Interface Science，2009，336（2009）：730-737.

［65］ SCHERER G W，SMITH D M，STEIN D. Deformation of aerogels during characterization ［J］. Journal of Non-Crystalline Solids，1995，186：309-315.

［66］ REICHENAUER G，SCHERER G W. Extracting the pore size distribution of compliant materials from nitrogen adsorption ［J］. Colloids and Surfaces A：Physicochemical and Engineering Aspects，2001，187-188：41-50.

［67］ KAUFMANN J. Pore space analysis of cement-based materials by combined Nitrogen sorption - Wood's metal impregnation and multi-cycle mercury intrusion ［J］. Cement and Concrete Composites，2010，32：514-522.

［68］ HALL P J，BROWN S，FERNANDEZ J，et al. The effects of the electronic structure of micropores on the small angle scattering of X-rays and neutrons ［J］. Carbon，2000，38：1257-1259.

［69］ COHAUT N，BLANCHE C，DUMAS D，et al. A small angle X-ray scattering study on the porosity of anthracites ［J］. Carbon，2000，38：1391-1400.

［70］ LIANG L P，XU Y，HOU X L，et al. Small-angle X-ray scattering study on the microstructure evolution of zirconia nanoparticles during calcinations ［J］. Journal of Solid State Chemistry，2006，179：959-967.

［71］ SCHMIDT P W. Small-angle scattering studies of disordered，porous and fractal systems ［J］. Journal of Applied Crystallography，1991，24：414-435.

［72］ PUJARI P K，SEN D，AMARENDRA G，et al. Study of pore structure in grafted polymer membranes using slow positron beam and small-angle X-ray scattering techniques［J］. Nuclear Instruments and Methods in Physics Research B，2007，254：278-282.

［73］MITROPOULOS A C，STEFANOPOULOS K L，KANELLOPOULOS N K. Coal studies by small angle X-ray scattering［J］. Microporous and Mesoporous Materials，1998，24：29-39.

［74］BRENNER A M，ADKINS B D，SPOONER S，et al. Porosity by small-angle X-ray scattering （SAXS）：Comparison with results from mercury penetration and nitrogen adsorption［J］. Journal of Non-Crystalline Solids，1995，185：73-77.

［75］杨全兵.混凝土盐冻破坏机理（Ⅰ）——毛细管饱水度和结冰压［J］.建筑材料学报，2007，10（5）：522-527.

［76］杨全兵.混凝土盐冻破坏机理（Ⅱ）：冻融饱水度和结冰压［J］.建筑材料学报，2012（6）：11-16.

［77］杨全兵.NaCl溶液结冰压的影响因素研究［J］.建筑材料学报，2005，8（5）：495-498.

［78］吴鹏程，杨全兵，徐俊辉，等.低危害除冰盐对水泥混凝土盐冻破坏的影响及其机理［J］.建筑材料学报，2020，23（2）：317-321，327.

第3章 超低温下水泥基材料力学性能及其发展模型

环境温度作为混凝土材料服役的主要环境之一,其急剧变化会造成混凝土的力学性能发生极大变化,严重时会影响结构物的安全性、服役寿命和使用性能。为此,在混凝土结构设计以及建设过程中,必须考虑低温及超低温环境对混凝土力学性能的影响。超低温下水泥基材料力学性能明显增强,但不同研究者对超低温下水泥基材料力学性能增强规律有着不同的观点,其强度预测模型也有较大差别。此外,超低温下水泥基材料力学性能影响因素也缺乏较为系统的研究。因此,开展超低温下水泥基材料力学性能与影响因素及其预测模型的研究尤显必要。

本章以砂浆为研究对象,研究了超低温下砂浆抗压、抗折强度的发展规律,比较了水灰比、含水率、养护条件、常温养护时间、超低温养护时间等因素对-110℃超低温下砂浆强度的影响,对试验所得强度数据进行拟合分析,建立了-110℃超低温下砂浆强度的预测模型。在此基础上,进一步研究了砂浆在不同超低温温度下(低至-170℃)强度的发展规律。

3.1 试验原材料、配合比与养护制度

试验水泥为强度等级为 42.5 的小野田普通硅酸盐水泥;试验所用砂为河砂,细度模数为 2.49;所用减水剂为聚羧酸减水剂,固含量为 30%;所用引气剂为十二烷基磺酸钠;所用砂浆配合比见表 3.1。本章大部分试验所用砂浆为水灰比为 0.3 和 0.4 的砂浆试样,为研究水灰比对水泥基材料超低温性能的影响,进一步引入了水灰比为 0.5 和 0.6 的砂浆试样。

表 3.1   砂浆配合比

砂浆类型	缩写	水泥	水	砂	超塑化剂 /(wt.%)	引气剂 /(wt.%)	纤维 /(wt.%)
高强砂浆	HM	1	0.31	3	0.8	—	
普通砂浆 1	OM1	1	0.4	3	0.44	—	
普通砂浆 2	OM2	1	0.5	3	—	—	
普通砂浆 3	OM3	1	0.6	3	—	—	
砂浆	M	1	0.4	3			
纤维素砂浆	MC	1	0.4	3			0.5
聚丙烯纤维砂浆	MP	1	0.4	3			0.5

试验采用的试件尺寸为 40 mm×40 mm×160 mm 的净浆、砂浆试块。不同含水率的试样制备方法如下：将标准养护后的试样称重后，放于 40℃烘箱中，干燥不同时间得到不同含水率的试样。随后用塑料薄膜密封，防止在测试或保存过程中从外部吸水或失水。

所用养护方式主要有水养和标准养护两种。水养是在 20℃的水中泡水养护，标准养护是在 20℃、90％湿度环境中养护。如无特别说明，则养护方式为水养，养护时间为 28 d。对于完全饱水试样，采用水养，饱水面干试样采用标准养护，绝干试样是指在标准养护完成后，在 80℃烘箱中干燥 3 d。

3.2　−110℃超低温下水泥基材料力学性能及其影响因素

3.2.1　−110℃超低温养护时间对砂浆超低温强度的影响

将高强砂浆 HM 经过三种不同常温养护方式后，放入−110℃超低温试验箱分别养护 0，1，2，3，7，14，28 d，测其抗压、抗折强度，其结果如图 3.1 所示。超低温养护 0 d 的强度数据为试样的常温强度。水养、标准养护、标准养护干燥后，试样常温抗压强度分别为 54.3 MPa，52.0 MPa 和 65.2 MPa，抗折强度分别为 8.5 MPa，8.5 MPa 和 9.5 MPa。仅 1 d 超低温养护后，砂浆试样在−110℃超低温下的强度增长明显。三种试样在−110℃养护 1 d 后，其超低温抗压强度分别为 99.3 MPa，97.8 MPa 和 85.7 MPa，抗折强度分别为 22.95 MPa，20.8 MPa 和 10.15 MPa。经 1 d 超低温养护后，砂浆试样的强度达到较高水平，其后继续延长超低温养护时间，强度变化不大。超低温下强度的增强与孔隙水结冰有较大关联，经过 1 d 的超低温养护，大部分孔隙水已结冰，使得超低温强度达到稳定。

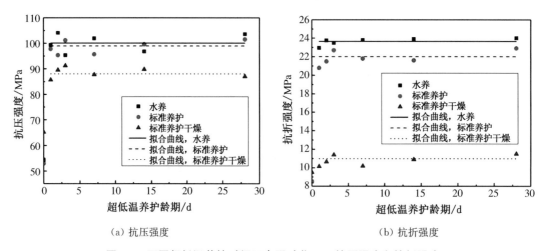

（a）抗压强度　　　　　　　　　　　　　　（b）抗折强度

图 3.1　不同超低温养护时间下高强砂浆 HM 抗压强度和抗折强度

3.2.2　砂浆常温养护时间对−110℃超低温强度的影响

三种饱水砂浆经过 3，7，14，28 d 常温养护后，其常温和超低温抗压、抗折强度如图

3.2 所示。三种砂浆的超低温强度、常温强度均随常温养护时间的增加而增加,超低温强度增长趋势与常温强度增长趋势较为一致。—110℃下砂浆强度是常温强度的 2～3 倍。常温养护时间相同时,砂浆的超低温强度与常温强度具有正相关性,试样常温强度越高,超低温强度越大。值得注意的是,即使是未经过常温养护,即脱模后直接放入超低温养护箱中的试样,经过 1 d 超低温养护,也具有较高的抗压、抗折强度,抗压强度可达 45 MPa 左右,抗折强度可达 15 MPa 左右。此时砂浆常温强度较低,超低温强度主要受冰的超低温强度和黏结强度影响。

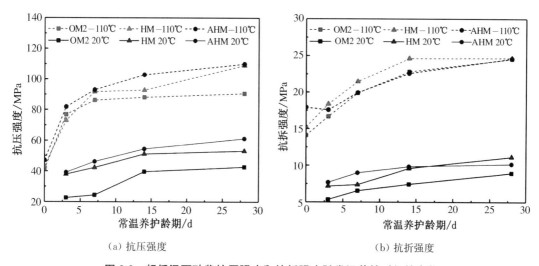

（a）抗压强度　　　　　　　　　　　（b）抗折强度

图 3.2　超低温下砂浆抗压强度和抗折强度随常温养护时间的变化

三种饱水砂浆常温和超低温强度的压折比(抗压强度与抗折强度比)如图 3.3 所示。

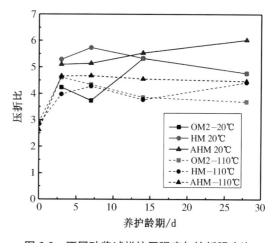

图 3.3　不同砂浆试样抗压强度与抗折强度比

从图中可以看出,常温下,压折比在 5 左右;超低温下,压折比约为 4,说明超低温下抗折强度增长率大于抗压强度增长率,这主要是与冰的力学特性有关,冰在受拉状态下的黏结强度明显强于受剪切力状态下的黏结强度。

图 3.4 为三种砂浆超低温强度与常温强度之比与常温养护时间的关系。从图中可以看出,三种砂浆的超低温与常温抗压强度比 μ_c 和抗折强度比 μ_f 在 2～4 之间,抗折强度比均大于抗压强度比。μ_c 和 μ_f 随常温养护时间增加而逐渐减小,14 d 后趋缓,普通砂浆的下降幅度明显大于高强砂浆与高强引气砂浆。相同龄期下,不同类型砂浆的 μ_c 和 μ_f 不同。对于 μ_f,三种砂浆的大小顺序为普通砂浆(含水率 7.1)＞高强砂浆(含水率 4.7%)＞高强引气砂浆(含水率 4.4%);对于 μ_c,普通砂浆大于另外两种,而另外两种砂浆相当。这主要是因为超低温下

砂浆的强度取决于砂浆常温强度和砂浆内部孔隙水的结冰强度,两者随着常温养护时间的增加而变化。随着常温养护时间的增加,砂浆中水泥水化程度提高,孔隙率降低,孔隙水减少,从而砂浆常温强度不断提高,但同时砂浆孔隙水减少,其结冰强度降低,从而导致超低温下砂浆强度增长率降低,μ_c 和 μ_f 不断减小。常温养护 14 d 之后,砂浆水化速率减小,因而砂浆常温强度趋于平衡,μ_c 和 μ_f 也趋于 2。普通砂浆因水灰比大、早期饱水含水率高,故其早期 μ_c 和 μ_f 值较大,后随常温养护时间增加而明显下降。

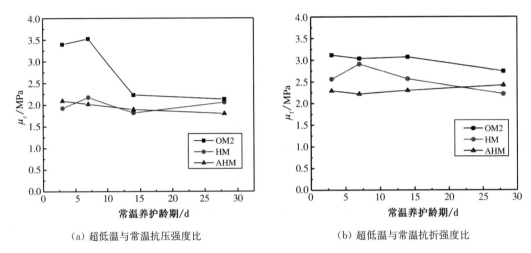

(a) 超低温与常温抗压强度比   (b) 超低温与常温抗折强度比

图 3.4 不同常温养护时间下砂浆超低温与常温抗压强度比和抗折强度比

3.2.3 砂浆水灰比对−110℃超低温强度的影响

以水灰比为 0.3,0.4,0.5,0.6 的四种砂浆为研究对象研究水灰比对砂浆−110℃超低温强度的影响。四种砂浆分别制成干燥和含水率约 6% 的试样。受干燥条件影响,砂浆并非绝对干燥,干燥试样的含水率在 0~0.5% 之间。含水率为 6% 的砂浆,实际含水率在 5.65%~6.35% 之间。从图 3.5 中可以看出,随着水灰比的增加,砂浆−110℃超低温强

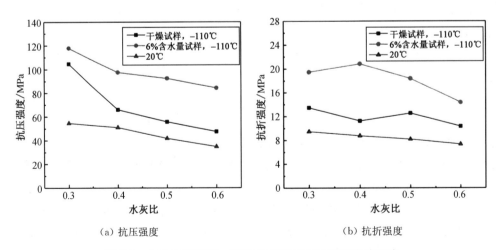

(a) 抗压强度   (b) 抗折强度

图 3.5 水灰比对砂浆−110℃抗压强度和抗折强度的影响

度不断下降,其变化趋势与砂浆常温强度变化趋势呈现较强正相关性。结合 3.3.2 节可以发现,砂浆初始强度对－110℃超低温强度影响十分显著。水灰比、养护龄期对砂浆超低温强度的影响均可以表示为砂浆常温强度对超低温强度的影响。

3.2.4　砂浆含水率对－110℃超低温强度的影响

为进一步研究砂浆含水率对超低温强度的影响,选取不同含水率的三种普通砂浆进行试验。因砂浆常温强度对超低温强度有较大影响,为在分析中消除这部分影响,引入强度增加值 $\Delta\sigma_c$。

$$\Delta\sigma_c = \sigma_c - \sigma_{c0} \tag{3.1}$$

式中,σ_c 为超低温强度;σ_{c0} 为常温强度;$\Delta\sigma_c$ 为强度增加值。

图 3.6 显示了砂浆强度增加值与含水率的关系。尽管 OM1,OM2,OM3 三种砂浆的水灰比不同,但其强度增加值与含水率的关系表现出相同的趋势,两者之间具有良好的正相关性:含水率越高,强度增加值越大。值得注意的是,对于绝干状态下的试样,其强度增加值并不为 0,这可能是因为该砂浆试样中仍有水分残留在细小孔隙中,而该部分孔隙水结冰有助于强度增加。

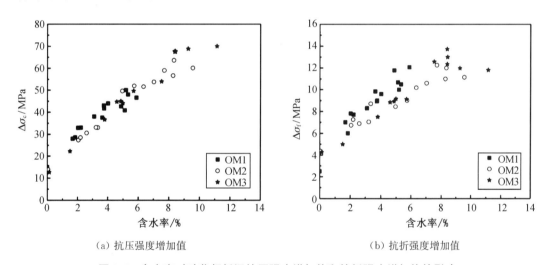

（a）抗压强度增加值　　　　　　　　　　　（b）抗折强度增加值

图 3.6　含水率对砂浆超低温抗压强度增加值和抗折强度增加值的影响

3.2.5　砂浆常温养护条件对－110℃超低温强度的影响

图 3.7 为三种不同砂浆经过不同养护条件后的常温强度和超低温强度,其中,下方的柱体高度表示常温强度,整个柱体高度表示超低温强度。例如,对于水养 OM2 试样,其常温强度为 42 MPa,超低温强度为 90 MPa。从图中可以看出,砂浆的常温养护条件对其超低温强度有非常显著的影响。三种砂浆的超低温强度可以表示为水养＞标准养护＞标准养护干燥。养护条件对砂浆试样超低温强度的影响同样可以从常温强度、含水率两个方面分析。首先,养护条件影响试样含水率,表 3.2 为不同养护条件下三种试样的含水

率,水养含水率＞标准养护含水率＞绝干含水率,而含水率越高,试样超低温强度越大。其次,养护条件影响砂浆试样的常温强度,常温强度越高,其对应的超低温强度越高。值得注意的是,图3.7中,绝干试样的常温强度高于水养和标准养护试样的强度,其原因可能是高温烘干时在试样内部存在蒸养效应。

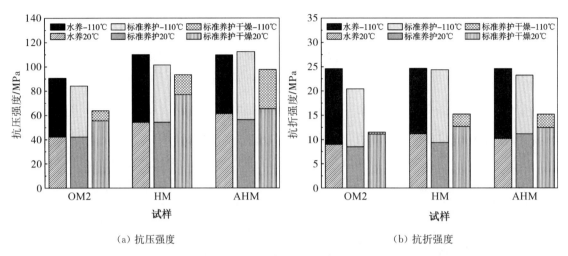

（a）抗压强度　　　　　　　　　　　（b）抗折强度

图3.7　不同常温养护条件下砂浆20℃及－110℃超低温抗压强度和抗折强度

表3.2　　　　　　　　　　　　不同常温养护条件下砂浆含水率

试样	水养/%	标准养护/%	标准养护干燥/%
OM2	7.1	2.3	0
HM	4.7	3.4	0
AHM	4.4	3.2	0

3.3　不同超低温温度下水泥基材料强度的发展规律

3.3.1　不同超低温下砂浆强度

图3.8是砂浆OM2强度随超低温温度发展的趋势。随着温度的降低,砂浆的抗压、抗折强度不断增加,强度增长速率在－120℃之后放缓,抗压强度在－140℃附近达到最大值,抗折强度在－80℃后强度增加放缓。超低温下砂浆最大抗压、抗折强度分别比常温强度增加80%和188%。超低温下,抗折强度比抗压强度增长更快。

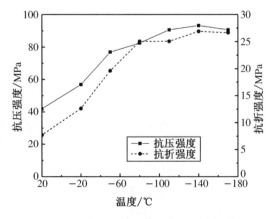

图3.8　砂浆强度与超低温温度的关系

3.3.2　掺入纤维对砂浆超低温强度的影响

图 3.9 是砂浆 M、掺入聚丙烯纤维砂浆 MP、掺入纤维素纤维砂浆 MC 的强度随超低温温度的发展规律。三种砂浆抗压、抗折强度随温度的变化具有相同的趋势,随温度的下降,砂浆强度逐渐增加,抗压强度在−140℃左右出现最大值,抗折强度在−80℃时接近最大值,温度继续降低,强度保持稳定,未有明显增强或下降的趋势。

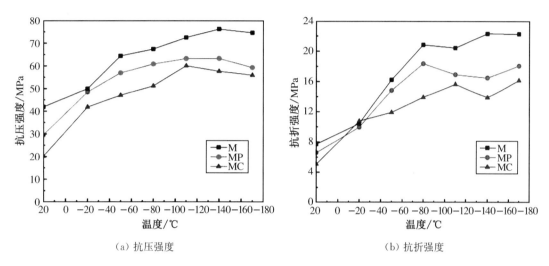

（a）抗压强度　　　　　　　　　　　　　　（b）抗折强度

图 3.9　三种不同砂浆强度与超低温温度的关系

砂浆超低温强度与砂浆常温强度和含水率有关。三种砂浆的含水率见表 3.3。为进一步研究纤维的掺入对砂浆超低温强度的影响,首先剔除常温强度对超低温强度的影响,得到图 3.10。从图中可以发现,对于抗压强度,在−20～−80℃温度范围内,掺加纤维素纤维的砂浆强度与掺加聚丙烯纤维的砂浆强度相近,均大于普通砂浆强度。这与含水率越大,强度增加值越大的规律一致。在−80～−170℃温度范围内,纤维素纤维砂浆强度增加值大于聚丙烯纤维砂浆强度增加值,而纤维素纤维砂浆含水率低于聚丙烯纤维砂浆。这表明纤维素纤维比聚丙烯纤维更有利于砂浆超低温强度的增强,在−80～−170℃温度范围内表现更为显著。对于抗折强度,其超低温强度增加值的规律并不明显。

表 3.3　　　　　　　　　　　　　三种砂浆的含水率

砂浆类型	砂浆（M）	聚丙烯纤维砂浆（MP）	纤维素纤维砂浆（MC）
含水率/%	6	10.3	9.3

超低温下砂浆压折比与温度的关系见图 3.11。由于超低温下抗折强度增长快于抗压强度,普通砂浆的压折比从常温下的 5.4 逐渐降低至−80℃的 3.3 附近。纤维的掺入在常温下有明显增韧作用,压折比下降明显。随着温度的降低,聚丙烯纤维砂浆压折比与普通砂浆相近,纤维素纤维砂浆压折比在 20～−140℃范围内较为稳定,在−140～−170℃范围内压折比下降较为明显。

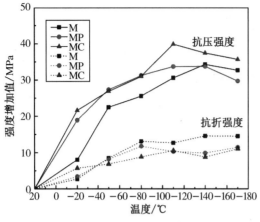
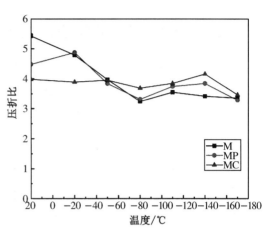

图 3.10　不同超低温温度下砂浆强度增加值　　图 3.11　不同超低温温度下砂浆压折比

3.4　超低温下水泥基材料力学强度发展预测模型

3.4.1　−110℃超低温下水泥基材料力学强度发展预测模型

前面研究表明,砂浆在−110℃超低温下的强度主要与砂浆常温强度和含水率有关。而−110℃超低温强度可以写成常温强度与强度增加值之和,即

$$\sigma_c = \sigma_{c0} + \Delta\sigma_c \tag{3.2}$$

由图 3.6 可知,强度增加值与含水率有较强的相关性,因此,本节主要内容是建立强度增加值 $\Delta\sigma_c$ 与含水率的关系。

对图 3.6 中数据分别进行线性拟合和二次多项式拟合,可分别得到图 3.12 和图 3.13。拟合结果及相关系数见表 3.4。对于线性拟合,抗压、抗折强度增加值的相关系数 R^2 分别

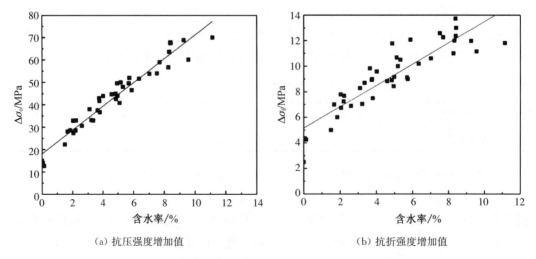

（a）抗压强度增加值　　　　　　　　（b）抗折强度增加值

图 3.12　超低温强度增加值与含水率关系的线性拟合直线

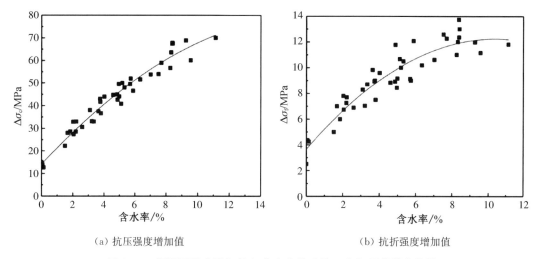

(a) 抗压强度增加值　　　　　　　　(b) 抗折强度增加值

图 3.13　超低温强度增加值与含水率关系的二次多项式拟合曲线

表 3.4　　　　　　　　　　超低温强度增加值与含水率关系拟合方程

拟合方法	拟合方程	R^2
线性拟合	$\Delta\sigma_c = 18.051\,8 + 5.311\,1w$	0.94
	$\Delta\sigma_f = 5.167\,8 + 0.832\,5w$	0.80
二次多项式拟合	$\Delta\sigma_c = 14.094\,8 + 7.472\,1w - 0.210\,1w^2$	0.95
	$\Delta\sigma_f = 3.667\,6 + 1.651\,9w - 0.079\,6w^2$	0.87

为 0.94 和 0.80；对于二次多项式拟合，抗压、抗折强度增加值的相关系数 R^2 分别为 0.95 和 0.87。因此，线性拟合所得的直线可以用来预测抗压强度的增加值，二次多项式拟合所得曲线能更好地预测抗折强度的增加值。二次多项式拟合结果更优的原因主要是在高含水率范围内，抗压、抗折强度的增加幅度随含水率增长出现放缓，抗折强度增加值增长放缓更为显著。

综上，采用二次多项式来预测 $-110℃$ 砂浆强度增加值更为合理。因此，砂浆 $-110℃$ 超低温下强度预测模型如下：

$$抗压强度：\sigma_c = 14.094\,8 + 7.472\,1w - 0.210\,1w^2 + \sigma_{c0} \tag{3.3}$$

$$抗折强度：\sigma_f = 3.667\,6 + 1.651\,9w - 0.079\,6w^2 + \sigma_{f0} \tag{3.4}$$

3.4.2　不同超低温养护时间下的高强砂浆强度模型

图 3.14 给出了三种不同含水状态的高强砂浆抗压、抗折强度随超低温养护时间的发展关系。其中，饱水、面干和绝干三种状态的高强砂浆超低温下抗压、抗折强度随超低温养护时间的发展规律基本相同。超低温下砂浆强度在超低温养护 3 d 前随养护时间的增加而快速增加，3 d 后增加缓慢，7 d 后趋于稳定，因而后面的试验均采用超低温养护 7 d 后进行相关试验。对砂浆在超低温下的抗压、抗折强度发展与超低温养护时间的关系采

用指数函数进行拟合,结果见图 3.14。拟合函数为:

$$\sigma_t = E \exp\left(\frac{t}{B}\right) + F \tag{3.5}$$

式中,σ_t 为高强砂浆超低温养护 t d 后的强度,MPa;t 为超低温养护时间,d;E,B,F 为拟合系数。

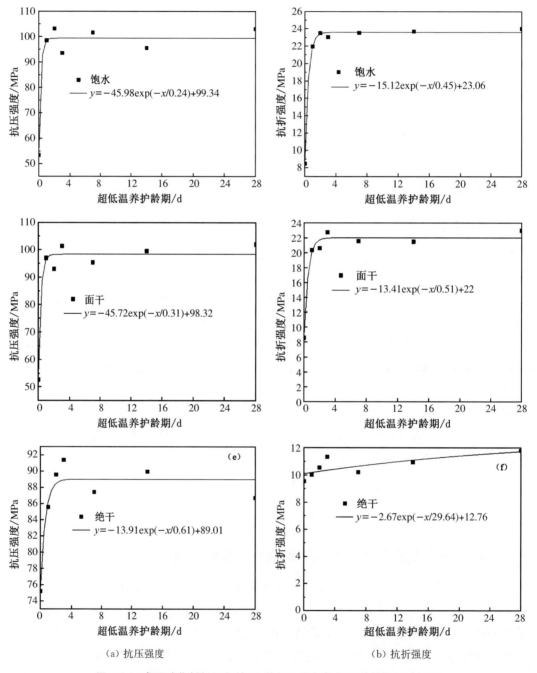

（a）抗压强度 　　　　　　　　　　　　　（b）抗折强度

图 3.14　高强砂浆超低温下抗压、抗折强度与超低温养护时间的关系

拟合结果表明,超低温养护时间对超低温下砂浆强度发展有重要影响。超低温下高强砂浆抗压、抗折强度与超低温养护时间均呈指数关系,曲线拟合系数值见表 3.5。各拟合曲线相关系数 R^2 均接近 1,表明拟合值与测试值接近。相关系数随含水率的增大而增大,体现了高强砂浆在超低温下的强度除与超低温养护时间相关外,含水率也对其产生了重要的影响。进一步分析,假定 F 为砂浆经超低温养护后的最终强度 σ_1。由表 3.5 可见,饱水和面干砂浆的拟合值 F 与对应最终强度实测值的相对误差非常小,其值小于 1‰;而绝干砂浆几乎不含毛细孔水,导致超低温下砂浆强度增加很小,因而偏差较大。由于研究对象在实际中几乎不可能为绝干,因此,可把方程中的 F 设定为砂浆经超低温养护后的最终稳定强度 σ_1。同理,采用相同的分析方法,假定 E 为砂浆在超低温下的强度增加值 $\Delta\sigma$,研究发现,除绝干砂浆外,E 的实测值和拟合值相对误差非常小,小于 3%。因此,结合式(3.2)、式(3.5),对给定含水率的砂浆,经超低温养护 t d 后,其强度可以表示为

$$\sigma_t = \sigma_0 + \Delta\sigma\left[1 - \exp\left(\frac{t}{B}\right)\right] \tag{3.6}$$

表 3.5　　　　　　　　　　　　不同含水状态下高强砂浆拟合系数分析

试件类型	饱水		面干		绝干	
强度	抗压强度	抗折强度	抗压强度	抗折强度	抗压强度	抗折强度
R^2	0.96	0.99	0.96	0.98	0.90	0.40
测试值 σ_1/MPa	100.02	23.75	22.01	98.95	10.98	88.03
拟合值 F/MPa	99.33	23.59	21.99	98.32	12.76	89.01
相对误差/%	−0.69	−0.65	−0.11	−0.64	16.19	1.11
测试值 $\Delta\sigma$/MPa	45.85	14.81	45.43	13.06	13.26	1.28
拟合值 E/MPa	45.98	15.12	45.72	13.41	13.91	2.67
相对误差/%	0.28	2.07	0.65	2.65	4.90	109.22

3.4.3　不同含水率下高强砂浆超低温强度模型

1. 抗压强度

根据式(3.2),砂浆在超低温下的抗压强度可表示为常温强度与超低温下抗压强度增加值之和。不同含水率的高强砂浆经超低温养护 7 d 后其强度发展规律和拟合曲线见图 3.15。从图中可见,高强砂浆在超低温下的抗压强度增加值随含水率的增加而增加,先达到最大值后减小;高强砂浆在超低温下的强度增加值均比较大。在超低温下,冰的抗压强度及黏结强度非常高,其对多孔材料超低温下强度的贡献远远大于其本身在超低温下的强度,因而导致高强砂浆在超低温下的强度增加值均较大,远远高于纯冰的强

度。拟合公式为

$$\Delta\sigma_c = N + \frac{2G}{\pi} \cdot \frac{H}{4\times(m-K)^2+H^2} \tag{3.7}$$

式中，m 为砂浆含水率；N，G，K，H 为系数。

将式(3.7)中一些系数合并，可改写成更加简洁的形式：

$$\Delta\sigma_c = R + \frac{M}{(m-K)^2+P} \tag{3.8}$$

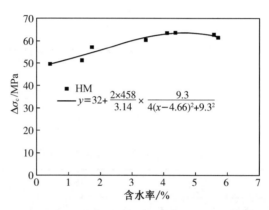

图 3.15　砂浆含水率对 $\Delta\sigma_c$ 的影响及采用洛伦兹函数所得到的拟合曲线

上述拟合方程相关系数接近 1，相关性高，拟合得到的数值与真实值接近，但上述方程很复杂，系数 R，K，P，M 含义不明确，导致方程难以理解。拟合公式表明，强度增加值与含水率的二次方相关，因而尝试采用二次函数拟合，拟合曲线见图 3.16，拟合系数见表 3.6，拟合方程为

$$\Delta\sigma_c = A(m-m_c)^2 + C \tag{3.9}$$

式中，m 为含水率；A，m_c，C 为系数。

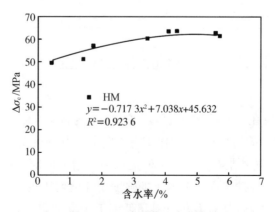

图 3.16　二次函数拟合曲线

表 3.6　　　　　　　　　　　　　　　　　二次函数拟合方程系数值

砂浆类型	洛伦兹函数 R^2	二次函数 R^2	A	m_c	C
HM	0.94	0.92	-0.72	4.91	62.90

　　拟合的二次函数相关系数与前者相比有所降低,但仍然较接近 1,相关性仍较好;此方程简洁易懂,且 A,m_c,C 具有特定含义。A 为负值,表明高强砂浆在超低温下抗压强度增加值具有最大值,即其在一定范围内随含水率的增加而增大,当达到一定值后会随含水率的增加而降低。A 值会极大地影响曲线曲率,笔者认为,A 可能与砂浆水灰比有关,具体需做进一步研究。砂浆内部孔隙水分为毛细孔水、大孔水和凝结孔水,前两者凝结成冰会造成体积膨胀,因而会对孔隙壁造成压力,孔隙率越大,则孔隙水膨胀越大,产生的压力越大,当膨胀压力超过材料的抗拉强度时会对孔壁造成破坏。因此,在水灰比确定的情况下存在最佳含水率 m_c,使此时砂浆抗压强度增加值达到最大,C 则为最佳含水率对应的超低温强度增加值,最佳含水率处强度增加率为 25.8%。

　　2. 抗折强度

　　砂浆在超低温下的抗折强度亦可表示为其常温强度与超低温下抗折强度增加值之和。不同含水率的高强砂浆经超低温养护 7 d 后其强度发展规律和拟合曲线见图 3.17 和图 3.18。

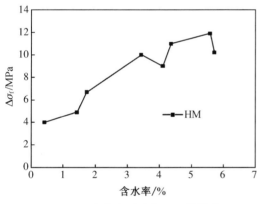

图 3.17　含水率对砂浆 $\Delta\sigma_f$ 的影响

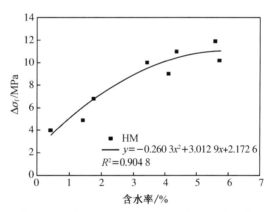

图 3.18　采用二次函数拟合 $\Delta\sigma_f$ 所得拟合曲线

　　超低温下砂浆抗折强度与抗压强度存在一定的定量关系,由前期研究可知,砂浆在超低温下抗折强度的增加率大于抗压强度的增加率,因而假定砂浆在超低温下的抗折强度提高值与含水率呈三次函数关系,得到的相关系数见表 3.7,其相关系数接近 1,相关性高,但三次函数过于复杂,不便理解,因而采用二次函数拟合,拟合曲线和相关系数见图 3.18、表 3.7。采用二次函数拟合所得相关系数略小于三次函数相关系数,也量化证实了含水率对超低温抗折强度增加值的影响大于其对抗压强度增加值的影响。二次函数拟合系数 A,m_c,C 的含义以及变化规律与超低温下抗压强度增加值函数中的相同。但因超低温下抗折强度与抗压强度具体值不同且含水率对其影响程度不同,因此,两者系数具体值不同。最佳含水率所对应的抗折强度增加率为 172%,远远高于抗压强度增加率

25.8%,因而再次体现了含水率对抗折强度强大的影响力。

表 3.7 采用不同拟合函数所得的拟合方程系数

砂浆类型	二次函数 R^2	三次函数 R^2	A	m_c	C
HM	0.90	0.93	-0.26	5.79	10.88

因此,对给定含水率 m 的高强砂浆,其在超低温下的抗压强度和抗折强度均可表示为

$$\Delta\sigma = A(m - m_c)^2 + C \tag{3.10}$$

3.4.4 超低温下高强砂浆强度发展模型

上述研究表明,高强砂浆在超低温下抗折与抗压强度均可表示为砂浆常温强度和超低温下强度增加值之和。经常温养护 28 d 后的高强砂浆的抗压和抗折强度与超低温养护时间 t 呈指数关系。超低温下砂浆抗折与抗压强度增加值均与含水率 m 呈二次函数关系。因此,根据式(3.2)、式(3.5)、式(3.6)、式(3.10),对给定的含水率为 m,超低温养护时间为 t d 时,砂浆超低温下强度发展方程可以表示为

$$\sigma_t = \sigma_o + \left[A(m - m_c)^2 + C\right]\left[1 - \exp\left(\frac{t}{B}\right)\right] \tag{3.11}$$

式中,$m > 0$,$t \geqslant 0$;A,B,C,m_c 为系数,其中 A,m_c,C 可能与砂浆的水灰比有关。

砂浆强度发展模型的普适性与更多因素的影响规律还需进一步研究。

第4章 超低温冻融循环下水泥基材料的力学性能及孔结构演变规律

作为超低温混凝土工程应用中较常见的极端温度环境,超低温冻融循环会大幅加快水泥基材料性能的劣化速度,是超低温混凝土工程应用的难题与挑战。特别是液化天然气储罐,其在输送与使用过程中均会经历由常温—超低温—常温的冻融循环过程。因此,开展超低温冻融循环下水泥基材料力学行为及孔结构演变规律的研究,不仅可深入揭示极端温度环境对水泥基材料的冻融破坏过程与机理,还可对超低温混凝土应用于实际工程具有重要的指导意义。

本章在前章研究基础上,进一步探讨了超低温冻融循环下水泥基材料的力学性能及孔结构演变规律,主要研究了冻融循环次数对水泥基材料力学性能、质量损失和微孔结构的影响,并以气冻气融(Air)和气冻水融(Water)两种冻融条件、含水率、水灰比为变量进一步分析了水泥基材料的超低温冻融性能。本章采用热孔计法、氮吸附法和压汞法三种测孔方法研究了超低温冻融后水泥基材料孔结构的演变规律。

4.1 $-110\,^{\circ}\mathrm{C}$ 超低温冻融循环对砂浆力学性能的影响

4.1.1 $-110\,^{\circ}\mathrm{C}$ 超低温冻融循环对砂浆强度的影响

以三种不同水灰比的砂浆为研究对象,在气冻气融和气冻水融两种超低温冻融环境下,通过试验研究砂浆强度与超低温冻融循环次数的关系,结果如图4.1所示。从图中可以发现,随着超低温冻融循环次数的增加,砂浆的抗压、抗折强度均出现不同幅度的下降。抗折强度对超低温冻融循环更加敏感,气冻水融条件下,砂浆抗折强度随冻融次数的增加快速降低,经过16次超低温冻融循环后,抗折强度损失近50%,24次冻融循环后抗折强度损失近70%,此后抗折强度趋于稳定。气冻水融试样抗压、抗折强度损失比气冻气融试样强度损失更大。本节将从强度损失率的角度,进一步分析冻融条件、水灰比对$-110\,^{\circ}\mathrm{C}$超低温冻融循环后砂浆强度的影响。

4.1.2 $-110\,^{\circ}\mathrm{C}$ 超低温冻融条件对砂浆强度的影响

本节主要讨论气冻气融、气冻水融两种不同的超低温冻融条件对砂浆强度的影响。以砂浆初始强度为100%,图4.1可以转换为图4.2。从图4.2可以看出,砂浆试样在气冻

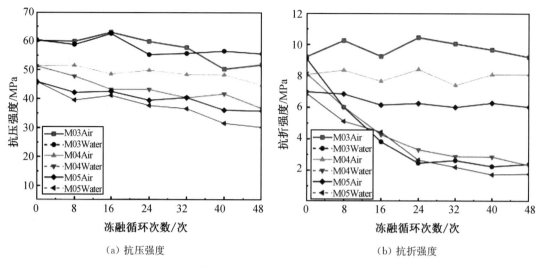

（a）抗压强度　　　　　　　　　　　（b）抗折强度

图 4.1　－110℃超低温冻融循环次数对砂浆强度的影响

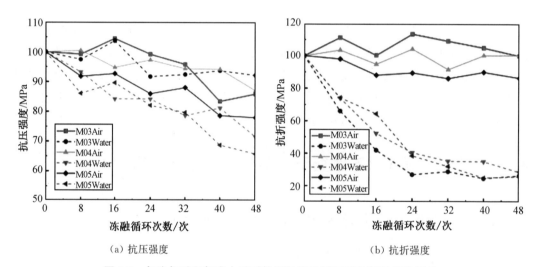

（a）抗压强度　　　　　　　　　　　（b）抗折强度

图 4.2　气冻气融和气冻水融对超低温冻融循环后砂浆强度的影响

水融条件下的强度损失快于气冻气融条件,在抗折强度上表现得更为明显,仅经过 8 次超低温冻融循环后,气冻水融条件下 M04 抗折强度损失 26％,而在气冻气融条件下,抗折强度损失不大。

经过 48 次－110℃超低温冻融循环后,三种砂浆试样的强度损失率见表 4.1。从表 4.1 可知,经过 48 次超低温冻融循环后,气冻水融条件下,抗压、抗折强度损失率较大,抗折强度损失率达到 70％,普通砂浆的抗压强度损失率在 30％左右。而对于气冻气融条件,抗折强度损失率最大不超过 22％,抗压强度损失率低于 14％。超低温气冻水融对样品的破坏更为明显。

表 4.1　三种砂浆试样经过 48 次−110℃超低温冻融循环后的强度损失率

砂浆	M03Air	M03Water	M04Air	M04Water	M05Air	M05Water
抗压强度损失率/%	12.1	7.9	13.1	28.5	13.7	34.2
抗折强度损失率/%	0.06	73.8	0	71.6	21.9	74.3

　　超低温气冻气融和气冻水融两种冻融条件的差异在融化阶段,主要有以下两个方面:其一,在水中,试样与水的热交换极为迅速,试样表面温度快速升高,与中心温度形成较大温差。当试样放入水中时,又一次受到强烈的热冲击,试样表面温度快速上升至 0℃,试样中心温度则在−100℃,瞬时最大温差达到 105℃,1 min 后缩小至 35℃,3 min 之后缩小至 9℃左右,直到 5 min 后,温差缩小至 6.2℃,如表 4.2 所示。

表 4.2　水融前 5 min 试样表面与中心温差

时间/min	0	1	2	3	4	5
温差/℃	106.4	37.6	21.5	13.2	9.1	6.2

　　其二,在水融过程中,试样可以从外部补充吸收水分,含水率不断提高。图 4.3 为气冻水融循环后,试样含水率变化曲线。三种试样含水率均随冻融循环次数的增加而上升,M03,M04,M05 三种试样的含水率分别提高了 2.7%,1.5%和 1%。试样含水率的上升,使得样品饱水程度不断提高,降温过程中,孔隙水结冰带来的结晶压更大,进而导致孔隙结构的破坏。在超低温冻融循环下,试样含水率的变化表明超低温冻融过程中泵吸效应显著,关于这一效应将在第 8 章进行详细讨论。

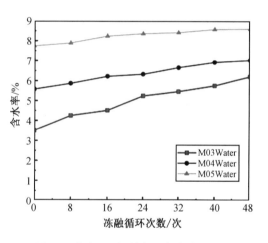

图 4.3　超低温冻融循环(气冻水融)后
三种砂浆试样含水率

4.1.3　水灰比对砂浆强度的影响

　　从图 4.1 可以看出,在相同冻融条件和超低温冻融循环次数下,随着水灰比的提高,砂浆强度损失率逐步降低。在气冻气融条件下,经过 48 次超低温冻融循环后,水灰比为 0.3,0.4,0.5 的砂浆抗压强度损失率分别为 12.1%,13.1%和 13.7%;抗折强度损失率分别为 0.06%,0 和 21.9%。在气冻水融条件下,经过 48 次超低温冻融循环后,水灰比为 0.3,0.4,0.5 的砂浆抗压强度损失率分别为 7.9%,28.5%和 34.2%;抗折强度损失率分别为 73.8%,71.6%和 74.3%。以上试验结果表明,水灰比的提高有助于减小超低温冻融循环后砂浆的强度损失,提高砂浆的抗冻性。相较于冻融条件对砂浆超低温冻融性能的影响,水灰比的影响较小。

4.2 −170℃超低温冻融循环对水泥基材料力学性能的影响

−170℃超低温冻融循环试验均在气冻气融条件下进行。以水泥净浆（CP）、砂浆（M）和聚丙烯纤维砂浆（MC）三种水泥基材料为研究对象，经过30次超低温冻融循环后，三种砂浆的抗压、抗折强度变化如图4.4所示。

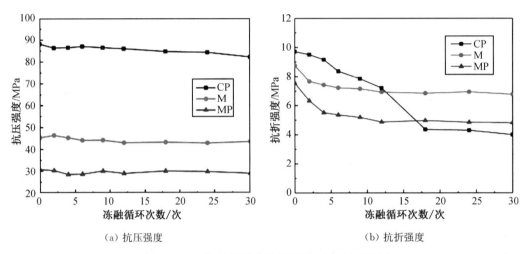

（a）抗压强度 （b）抗折强度

图4.4 −170℃超低温冻融循环后三种试样的强度

由图4.4可知，−170℃超低温冻融循环后砂浆抗折强度下降明显，抗压强度下降并不显著。经过30次冻融循环后，水泥净浆、砂浆、聚丙烯纤维砂浆抗折强度损失率分别为59.8%，22.6%和36.47%；抗压强度损失率分别为6.8%，4%和5.6%。抗折强度在前18次冻融循环中快速下降，随后趋于稳定。以上结果均与−110℃超低温冻融循环结果相似。

值得注意的是，净浆试样的抗折强度下降速率远高于砂浆试样，其原因可能是试样含水率较高，冻融后结晶压相对较高，对孔隙壁破坏更大。三种水泥基材料的含水率变化如图4.5所示。

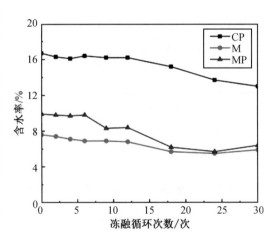

图4.5 −170℃超低温冻融循环后试样含水率的变化

从图4.5可以看出，随着超低温冻融循环的进行，三种试样的含水率有不同程度的下降。可能的原因是：①−170℃超低温冻融试验采用气冻气融条件，冻融过程中无外部水分吸收；②因试验测试条件所限，每天只能进行一次−170℃的超低温冻融试验，长时间置于空气中，试样表面水分部分蒸发。

4.3 超低温冻融循环对水泥基材料孔结构的影响

4.3.1 —110℃超低温冻融循环对水泥基材料微孔结构的影响

以 M03 试样为研究对象,比较气冻气融、气冻水融两种超低温冻融条件下不同冻融次数后微孔结构的变化。热孔计法测得微孔孔径分布如图 4.6 所示,从图中可见,随着超低温冻融循环次数的增加,样品中不断有新的微孔生成。对于气冻水融试样 M03Water,经过 16 次冻融循环后,新产生的微孔直径集中在 5～30 nm,经过 32 次冻融循环后,新产生的微孔向大孔径方向发展,在 20～40 nm 间产生大量微孔,5～20 nm 的新增微孔数量也远大于前 16 次冻融循环的结果。

对于气冻气融的 M03Water 试样,新孔生成速率较慢,经过 32 次冻融循环后,其孔径分布结果与经过 16 次冻融循环(气冻气融)的 M03Air 试样基本一致。

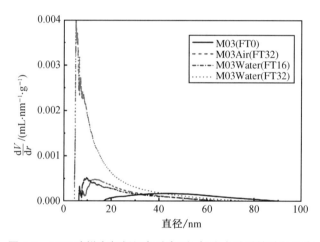

图 4.6 M03 试样在超低温气冻气融、气冻水融后的孔径分布

以上微孔结构变化与前述微冰晶理论中孔隙水迁移、结晶导致的破坏一致。前 16 次超低温冻融循环所产生的微孔主要集中在水分局部集中的大孔周边,随着冻融循环的进行,大孔周边过饱和,较大的结晶压导致大量微裂缝(小于 20 nm)出现。后 16 次超低温冻融循环过程中,大孔周边水分继续集中,微裂缝扩展连通成为更大的孔隙,同时在更多过饱和孔隙周围出现大量微裂缝。

4.3.2 —170℃超低温冻融循环对水泥基材料微孔结构的影响

图 4.7 为压汞法(MIP)测得净浆试样在—170℃超低温冻融循环后的孔径分布曲线(MIP 测孔范围为 0.01～225 μm),图 4.7(b)为 1～100 μm 区间孔径分布放大图。从图 4.7(a)中可以看到,对于水泥净浆试样,大部分孔隙主要集中在 10～100 nm 和 10～100 μm 之间。随着冻融循环次数的增加,10～100 nm 区间孔隙有所减少,而 10～100 μm 区

间孔隙明显增加。经过 6 次−170℃超低温冻融循环后,10～100 nm 区间孔隙和 10～50 μm 区间孔隙有所增加;经过 15 次超低温冻融循环后,10～100 nm 区间孔隙略有减少,10～50 μm 区间孔隙继续增加;经过 30 次超低温冻融循环后,10～100 nm 区间孔隙继续减少, 10～50 μm 区间孔隙增加,且在 20 μm 处新增大量孔隙。图 4.8 为压汞法测得净浆试样在 −170℃超低温冻融循环后累计孔体积曲线。从图中可以看出,累计孔体积变化趋势并不明显。

压汞法测试结果表明:随着超低温冻融循环的进行,100 nm 以内的孔隙先少量增加,随后持续减少,而 10～50 μm 区间孔隙持续增加,在 18～30 次超低温冻融循环期间增加尤为明显,其主要原因可能是超低温冻融循环后期,100 nm 以下微孔逐步连通形成更大的孔隙。

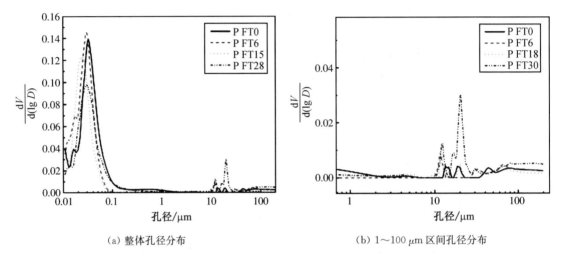

(a) 整体孔径分布   (b) 1～100 μm 区间孔径分布

图 4.7   压汞法测得净浆试样在−170℃超低温冻融循环后的孔径分布

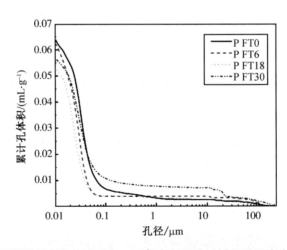

图 4.8   压汞法测得净浆试样在−170℃超低温冻融循环后累计孔体积曲线

图 4.9 为氮吸附法(NAD)测得净浆试样在−170℃超低温冻融循环后的孔径分布曲线和累计孔体积曲线(NAD 测孔范围为 2～100 nm)。经过前 6 次超低温冻融循环后,试样孔结构变化并不明显;经过 18 次超低温冻融循环后,20～100 nm 区间孔隙大幅增加;经过 30 次超低温冻融循环后,所有孔径范围内的孔隙均有明显增加。

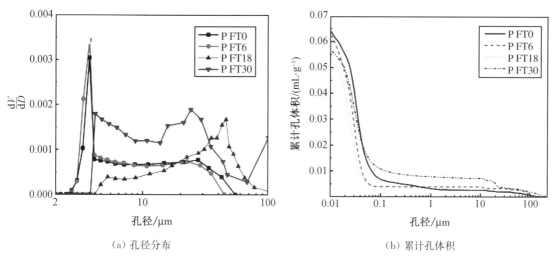

（a）孔径分布　　　　　　　　　　　　　（b）累计孔体积

图 4.9　氮吸附法测得净浆试样在－170℃超低温冻融循环后的孔径分布和累计孔体积

4.4　超低温冻融循环下水泥基材料裂缝扩展情况

超低温冻融循环次数对裂缝的扩展情况如图 4.10 和图 4.11 所示。在现有的各种冻

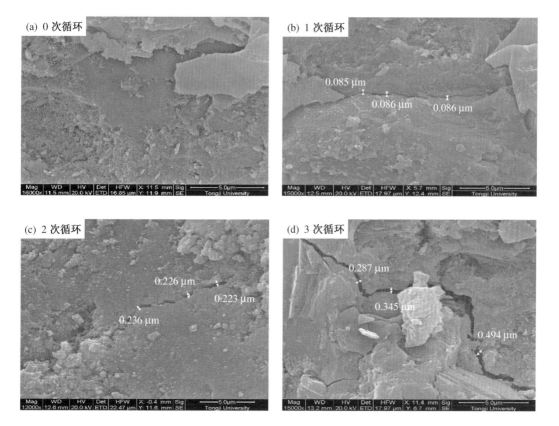

图 4.10　冻融循环进程中水泥净浆的裂缝扩展

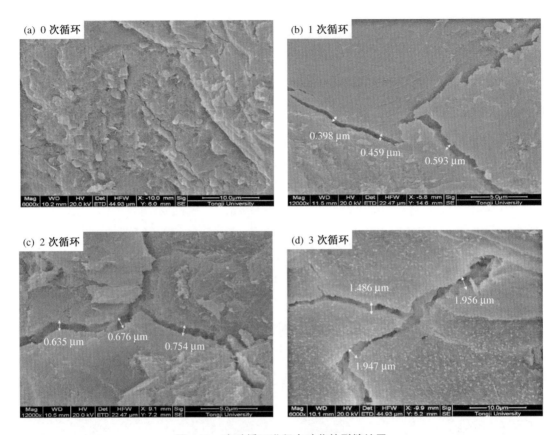

图 4.11　冻融循环进程中砂浆的裂缝扩展

融破坏机理假说中,较为著名的有 T. C. Powers 提出的静水压假说,以及 Powers 与 Helmuth 联合提出的渗透压假说,这些理论均指出,在反复冻融循环后,混凝土中的裂缝会互相贯通,其强度也会逐渐降低,最后甚至完全丧失,使混凝土由表及里破坏。一般来说,冻融循环是一个循序渐进、具有一定周期性的传热过程,水泥基材料本身是不良导体,在温度传递上存在一定的滞后性,各部位之间温度场变化的不均匀性将导致局部温度应力随即产生。而在冻融循环往复进行的过程中,由此产生的冻融温度应力也将周期性地作用于水泥基材料结构本身。从本试验的结果中可以看出:不管是水泥净浆还是砂浆,随着冻融循环的持续进行,材料内部的裂缝扩展程度变大,裂缝扩展的数量也有所增加。前期研究表明,当冻融循环次数增加,内外温差越来越大,产生更大的集中温度应力,对结构的破坏程度加剧。加上材料本身是处于几近饱水状态,冻胀循环持续进行,结构内部的大孔也不断被破坏,进而发展成为微裂纹。因此,在实际使用过程中应尽量减少水泥基材料经受冻融循环,防止材料出现疲劳损伤。

第5章 超低温及其冻融循环下水泥基材料的应变

超低温及其冻融环境下,水泥基材料的温度变形是孔隙水相变、迁移的宏观表现,也是超低温下水泥基材料不同于常温的重要性能之一。随着温度的降低,水泥基材料表现出先收缩、再膨胀、再收缩的变化趋势[1-3]。膨胀阶段主要在−20～−70℃之间,由孔隙水结冰膨胀引起。膨胀量主要取决于含水率,绝干混凝土则不会出现膨胀现象。Rostasy等[4]通过试验发现,水灰比越大(含水率越大),热膨胀越明显。

经过超低温冻融循环后,混凝土内会有应变残留。Miura[2]指出,残余应变随着冻融循环的进行、冻融循环温差的扩大而逐渐增大,但当冻融温度低于−50℃时,残余应变不再增加;残余应变与冻融后相对动弹性模量的损失量呈线性关系。因此,他认为超低温冻融破坏主要发生在−20～−50℃之间。Rostasy等[4]的试验结果表明,饱水砂浆经过12次−170℃超低温冻融循环后产生0.27%的残余应变。

本章从理论与试验角度研究了光纤光栅测量超低温下水泥基材料温度应变的可行性,建立并验证了超低温温度与波长的关系,开发了一套适用于超低温下水泥基材料应变测量的光纤光栅传感器制备方法,并以此研究了超低温及其冻融环境下水泥基材料的温度变形行为。

5.1 光纤光栅法表征超低温下水泥基材料温度与应变

5.1.1 FBG 反射波长与温度的关系

试验采用 T 型热电偶标定光纤光栅温度传感器,试验结果如图 5.1 所示。图 5.1(a)为随试验的进行,反射波长随温度的变化趋势。图 5.1(b)为一个超低温冻融循环下反射波长与温度的关系。由图 5.1(b)可知,反射波长与温度具有一一对应的关系,在 20～−60℃的温度范围内,反射波长与温度呈线性关系,但在−60～−170℃的更低温度范围内,反射波长与温度不再是线性关系。这一测试结果与文献[6][7]中的测试结果一致。由式(2.5)可知,若光纤光栅波长与超低温温度存在固定的对应关系,则光纤光栅温度传感器仍可以用来测量超低温温度。因此,图 5.1(b)的结果表明,光纤光栅温度传感器可以用来表征超低温温度,但其重复性、灵敏度仍需要进一步验证。

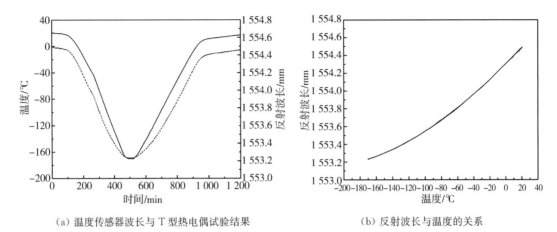

（a）温度传感器波长与 T 型热电偶试验结果　　　（b）反射波长与温度的关系

图5.1　温度传感器波长与 T 型热电偶温度的关系

5.1.2　FBG 反射波长对超低温温度的重复性

为验证光纤光栅温度传感器对超低温测试结果是否具有良好的重复性，将光纤光栅温度传感器置于超低温温控箱内，进行 5 次超低温冻融循环，得到图 5.2。5 次超低温冻融循环过程中，反射波长与温度具有良好的对应关系，其超低温冻融循环曲线几乎完全重合。对 5 次超低温冻融循环结果进行二次曲线拟合，得到式（5.1），拟合方程相关性 $R^2 = 0.999\ 95$。试验结果重复性非常高。

$$y = 1.705\ 7 \times 10^{-5} x^2 + 0.009\ 3x + 1\ 553.704\ 4 \tag{5.1}$$

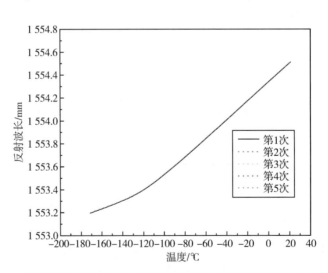

图5.2　5 次超低温冻融循环下光纤光栅温度传感器反射波长与温度的关系

5.1.3　超低温下 FBG 反射波长对温度的灵敏度

由图 5.1、图 5.2 可以看出，随着温度的降低，反射波长的变化量逐渐减小，即反射波长对温度的灵敏度随温度的降低而降低,有研究表明,光纤光栅传感器并不适用于极低温度下测量温度与应变。因此,有必要进一步研究超低温下 FBG 反射波长对温度的灵敏度。

以 K 表示 FBG 反射波长对温度的灵敏度,K 为反射波长对温度的一阶导数,即对式(5.1)求一阶导数,有:

$$K = \frac{\mathrm{d}\lambda_b}{\mathrm{d}T} = 3.411\,4 \times 10^{-5}\,T + 0.009\,3 \tag{5.2}$$

对式(5.2)作图,可得图 5.3。由图可知,随着温度的降低,FBG 反射波长对温度的灵敏度持续下降,在 $-170\,℃$ 时 $K = 0.003\,5$ nm/℃,仅为常温时 K 值(0.01 nm/℃)的 1/3。尽管 FBG 的温度灵敏度在超低温下持续降低,但在本试验温度 $20 \sim -170\,℃$ 范围内 FBG 温度传感器仍可得到有效测量结果且重复性良好(图 5.1、图 5.2)。因此,在本试验的超低温范围(温度高于 $-170\,℃$)内,光纤光栅温度传感器可以用于测量材料及环境温度。

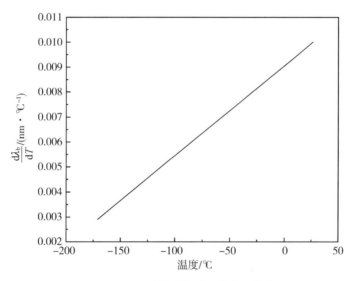

图 5.3　FBG 反射波长对温度的灵敏度

5.1.4　不同光纤光栅温度传感器的影响

对同一厂家另外 4 个批次的光纤光栅温度传感器的波长与超低温的关系进行试验研究,结果如图 5.4 所示。5 个温度传感器波长与温度的关系具有相同的趋势,但截距不同。而截距与光纤光栅温度传感器在常温下的波长有关。扣除常温波长后,得到图 5.4(b),5 条关系曲线几乎完全重合,由此可知,不同批次的光纤光栅温度传感器的波长变化量只与温度相关,对 5 个传感器测得的结果进行拟合得到以下拟合方程:

$$\lambda_b = 1.697\,89 \times 10^{-5}\,T^2 + 0.009\,2T - 0.190\,71 + \lambda_{b20} \tag{5.3}$$

式中,λ_{b20} 为光纤光栅温度传感器在 20℃时的波长。拟合方程的相关系数 $R^2 = 0.999\,9$。

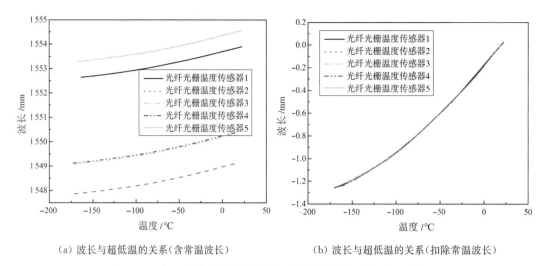

（a）波长与超低温的关系（含常温波长）　　　（b）波长与超低温的关系（扣除常温波长）

图 5.4　5 个不同批次的光纤光栅温度传感器波长与超低温的关系

波长与超低温的关系亦可从理论角度来计算验证。由 5.1.2 节温度计算模型推导式（2.5）可知，光纤光栅波长变化量与温度变化量有一定的比例关系，比值为 $\left(\dfrac{1}{n}\cdot\dfrac{\mathrm{d}n}{\mathrm{d}T}\right)\lambda_b$，其中 λ_b 已知，即该比值只与光纤光栅有效折射率 n 有关，而光纤光栅有效折射率 n 与其材质有关。不同组成的玻璃，其有效折射率不同，但均可用温度的三次多项式表达[8]，可以写成：

$$\Delta n = aT + bT^2 + cT^3 \tag{5.4}$$

式中，系数 a，b，c 列于表 5.1。

表 5.1　　　　　　　不同玻璃的折射率随温度变化的三次多项式系数

玻璃	a	b	c
二氧化硅	$8.166\,38\times10^{-2}$	$1.041\,24\times10^{-4}$	$-5.597\,81\times10^{-8}$
铝酸钙 F-75	$6.992\,93\times10^{-2}$	$1.021\,50\times10^{-4}$	$-7.810\,14\times10^{-8}$
磷酸盐 F-1329	$4.310\,93\times10^{-2}$	$6.175\,85\times10^{-5}$	$-2.174\,70\times10^{-10}$
硼酸钡 E-1583	$-1.331\,62\times10^{-2}$	$4.752\,42\times10^{-5}$	$1.375\,01\times10^{-10}$
锗酸盐 F-998	$7.943\,45\times10^{-2}$	$1.283\,99\times10^{-4}$	$-8.969\,8\times10^{-8}$

因此，$\dfrac{1}{n}\cdot\dfrac{\mathrm{d}n}{\mathrm{d}T}$ 可以用温度的三次多项式来表示，即同一材质的光纤光栅温度传感器具有同样的波长-超低温关系式。

5.1.5　超低温下光纤光栅温度传感器计算模型修正

综合前述试验结果可知，对于由同一材质的光纤制成的温度传感器，其反射波长与温度具有唯一对应的关系，其关系式可用温度的二次多项式来表示：

$$\lambda_{\mathrm{b}} = aT^2 + bT + \lambda_{\mathrm{b20}} + c \tag{5.5}$$

式中，λ_{b20} 为 20℃时，光纤光栅对应的反射波长；a，b，c 为常数，只与光纤材质有关。

5.1.6　传感器制作方式对表征结果的影响

　　超低温下，光纤光栅胶黏材料与被黏结材料以及光纤本身热膨胀系数的极大差异，有可能引发啁啾效应，导致无法得到有效测试结果。图 5.5 所示为预埋式 FBG 应变传感器的温度应变。图中结果出现明显的啁啾效应，查看其低温阶段瞬时光谱图，发现其中有 12 个峰。分析其原因，主要是预埋式 FBG 应变传感器内部仍然使用胶水紧固，胶水在超低温下容易脆裂，使得光栅区域受力不均，难以得到有效结果。

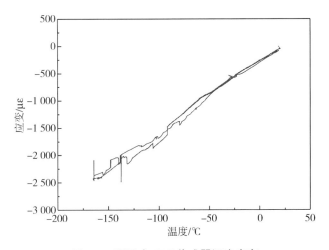

图 5.5　预埋式 FBG 传感器温度应变

　　图 5.6 为不同传感器制作方法对砂浆温度应变的影响。M 试样为净浆芯样表面用低温胶固定光纤光栅。M cp 试样为用低温胶固定后，表面再成型一层净浆芯样，以避免接触砂浆不均匀组分而产生啁啾效应。将 M cp 试样称作净浆铠装试样。用净浆铠装后得到的温度应变数据连续性更好。用低温胶固定的传感器在 -50℃左右出现数据不连续的问题。分析其光谱图可知，低温胶固定的传感器出现 4 个峰，出现啁啾效应，难以得到有效测试结果，而净浆铠装传感器在该温度范围的光谱图中仅有一个峰，如图 5.7 所示。综上，采用净浆铠装方式制备的传感器可以在一定程度上避免低温啁啾效应的产生，从而获得良好的测试数据。

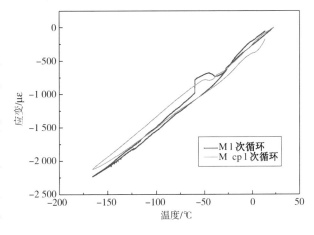

图 5.6　两种传感器制作方法对砂浆温度应变的影响

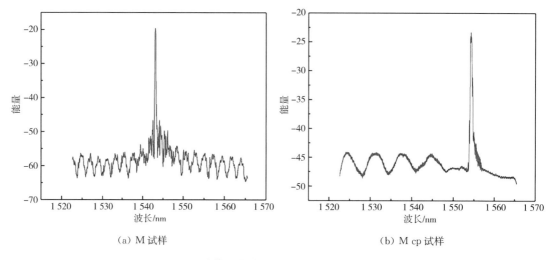

（a）M 试样　　　　　　　　　　（b）M cp 试样

图 5.7　两种传感器的瞬时光谱图(－50～－100℃)

5.2　超低温及其冻融循环下水泥基材料的温度应变

本节采用前述超低温下光纤光栅传感器制作方法以及 FBG 超低温计算模型研究了超低温及其冻融循环下水泥基材料的温度应变。

5.2.1　超低温下水泥净浆的温度应变

1．降温过程

由式(2.6)可知,将应变传感器波长变化量扣除温度传感器波长变化量即可计算出被测材料的应变,测试结果如图 5.8 所示。在降温阶段,净浆试样的表现可以分为 3 个阶段:①20～－25℃,试样持续收缩;②－25～－60℃,试样先收缩减缓,后出现膨胀;③－60～－170℃,试样持续收缩,在－130℃左右收缩斜率略有变化。在第一阶段,较大的孔隙水逐步结冰,在结晶压的作用下水分被挤向更细小的孔中。第二阶段,细小孔中的水继续结冰膨胀,结晶压作用于孔壁,使得试样整体收缩减缓甚至表现为对外膨胀。第三阶段,孔隙水几乎完全结冰,收缩斜率代表着试样的热膨胀系数,在－130℃附近热膨胀系数的改变,可能是冰在－120℃左右的晶型转变引起的[5]。

在降温过程中,第一阶段的斜率绝对值大于第三阶段,这表明第一阶段的温度收缩速率大于第三阶段。第一阶段中,试样由硬化水泥浆体、水、冰组成。在这一阶段,孔隙水结冰并未导致材料膨胀。第三阶段中,试样主要由硬化水泥浆体和冰组成。由于低温下冰的热膨胀系数为 53×10^{-6} K^{-1},是混凝土热膨胀系数(10×10^{-6} K^{-1})的 5 倍[5],若仅从材料组成角度考虑,第三段温度收缩应该更快,然而实际情况却相反。产生这一现象的原因可以用微冰晶理论中水分迁移过程来解释。降温过程中,细小孔隙中水分向已结冰大孔迁移,导致凝胶孔隙失水,孔隙水相对于外界处于负压状态,导致孔隙收缩,致使材料温度收缩加快。

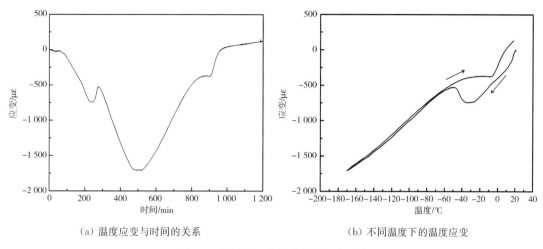

（a）温度应变与时间的关系　　　　　　　　（b）不同温度下的温度应变

图 5.8　超低温下净浆试样的温度应变

2. 升温过程

在升温过程中,净浆试样的表现同样可以分为 3 个阶段:①−170～−60℃,试样持续表现为热胀;②−60～−5℃,试样表现为膨胀减慢,甚至收缩;③−5～20℃,试样表现为受热膨胀。在第一阶段,同样可以看到由冰晶型转变所引起的热膨胀系数变化。第二阶段,细小孔隙中的冰率先融化,结晶压得到逐步释放,试样膨胀减缓甚至收缩。第三阶段,较大孔隙中的冰最后融化,试样表现为净浆基体的热胀。

从一个完整的冻融循环来看,曲线起点、终点并不重合,即超低温冻融完成后,试样中有残余应变产生。从图 5.8(b)可知,−60℃以下冻融应变曲线几乎完全重合,这一阶段的温度应变完全可逆。残余应变主要产生于 0～−60℃之间,是由水结冰体积膨胀,结晶压导致孔隙基体受损引起,使材料内部产生不可逆应变。−60℃以下,孔隙水几乎完全结冰,冻融应变曲线重合,无残余应变产生。

进一步从孔隙水结冰行为来分析,前期研究表明,孔隙水的冰点与冰水界面的曲率(孔径)高度相关,随着孔径的减小而降低。对于圆柱形孔,融化过程中冰水界面是结冰过程中的一半[9, 10]。对于纯水,在降温阶段,−25℃时,3.2 nm 孔隙水开始结冰;在升温阶段,−5℃时,7.1 nm 孔中的冰开始融化。对于本次试验的净浆孔结构体系,在降温阶段,当 3.2 nm 孔隙水结冰时,试样表现为收缩减缓甚至开始膨胀,直至孔隙水完全结冰;在升温阶段,孔隙冰开始融化时,试样表现为膨胀减缓甚至收缩,直至 7.1 nm 孔隙冰基本融化。这部分纳米孔中的结冰或融化带来或消解的结晶压将对试样的温度变形行为产生重大影响。

5.2.2　超低温冻融循环下水泥净浆的温度应变

图 5.9 为净浆试样在 5 次超低温冻融循环过程中的温度应变。5 次超低温冻融循环的温度应变曲线具有相同的趋势。从一个完整的冻融循环来看,曲线起点、终点并不重合,即超低温冻融完成后,试样中有残余应变产生。残余应变表明材料内部存在不可恢复

的变形。图 5.9 表明,随着超低温冻融循环次数的增加,残余应变也随之增大。在同一个冻融循环中,−60℃ 以下冻融应变曲线几乎完全重合,这一阶段的温度变形完全可逆。残余应变主要产生在 0～−60℃ 之间,基体受损导致材料内部产生不可逆应变。−60℃ 以下,孔隙水几乎完全结冰,冻融变形曲线重合,无残余应变产生。

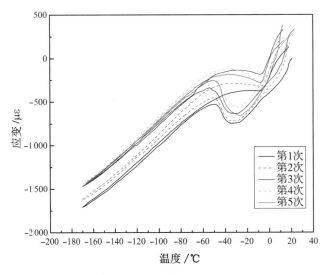

图 5.9　超低温冻融循环下净浆试样的温度应变

5.2.3　超低温及其冻融循环下砂浆的温度应变

试验所用砂浆为水养,其含水率为 4.8%。图 5.10(a) 中,降温曲线在上,升温曲线在下。降温过程中,其曲线也可以分为 3 段:第一阶段为 20～−30℃,试样持续收缩;第二阶段为 −30～−60℃,试样表现为先收缩,后膨胀;第三阶段为 −60～−170℃,试样随温度降低,持续收缩。第一阶段、第三阶段的热膨胀系数相近,为 11.44×10^{-6}。在升温阶段中,孔隙冰融化对试样应变影响并不显著。

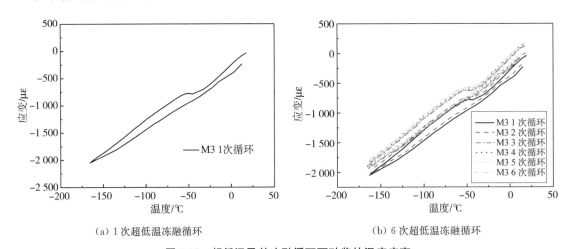

（a）1 次超低温冻融循环　　　　　　　　（b）6 次超低温冻融循环

图 5.10　超低温及其冻融循环下砂浆的温度应变

与净浆试样相比,砂浆试样中孔隙水相变对其温度应变影响较小。仅在所有水结冰的 $-50℃$ 附近或所有冰融化的 $0℃$ 附近产生较小的膨胀或收缩。孔隙水结冰后对试样热膨胀系数的影响不大,其主要原因是骨料砂粒的存在,在较大程度上改变了基体的力学性能。相较于结晶压对热膨胀系数的影响,骨料影响更为显著。

图 5.10(b)为 6 次超低温冻融循环下砂浆试样的温度应变。从图中可以看出,随着冻融循环的进行,砂浆试样中存在显著的残余应变。

5.2.4 超低温下含水率对水泥基材料温度变形的影响

在研究中通过不同的养护方法,使水泥浆体的含水率分别达到 11%,9.7% 和 8.2%。含水率越高,样品从 $20℃$ 到 $-60℃$ 的相对膨胀越大,在 $-60℃$ 的累积热应变越小(图 5.11)。在冷却阶段,结晶压力对热应变有重要影响。含水率较高、结晶压较大的样品,从 $20℃$ 到 $-60℃$ 膨胀更明显。含水率为 11% 的水泥浆样品从 $-25℃$ 显著膨胀到 $-60℃$。样品几乎处于饱和状态,大量冰的形成导致作用于孔壁的结晶压增大,使整个样品的膨胀从 $-25℃$ 增加到 $-60℃$。样品含水率在 8.2% 和 9.7% 之间的差异不明显,因此,热应变的变化在图 5.15 的 $0\sim-130℃$ 之间没有明显的差异。然而,当温度低于 $-130℃$ 时,孔隙水几乎冻结成冰,水化作用终止,导致含水率分别为 8.2% 和 9.7% 的样品的热应变明显。

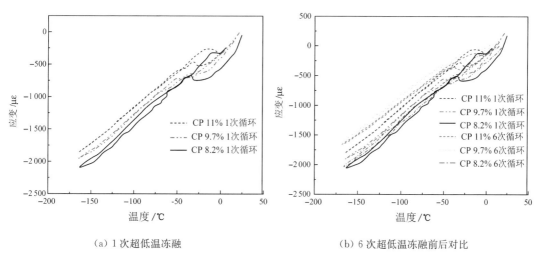

(a) 1 次超低温冻融　　　　　　　　　(b) 6 次超低温冻融前后对比

图 5.11　超低温冻融循环下不同含水率试件的温度应变

当不同含水率的样品经历 6 个低温冻融循环时,样品都呈现相同的趋势(图 5.11)。经过 6 个低温冻融循环,不同含水率的样品都有残余应变,含水率越高,残余应变越大。这主要与水泥基材料内部孔隙水相变有关,水泥基材料含水率越高,孔隙水含量也越高,在冻融过程中带来的结晶压作用更明显,使得水泥基材料的温度变形更为显著,从而导致更多的残余应变。

5.3　不同因素对超低温及其冻融循环下水泥基材料收缩应变的影响

5.3.1　收缩类型及其机理

1. 化学收缩

化学收缩是胶凝材料水化以后由反应前后反应物与水化产物的平均密度不同造成的。水泥主要由硅酸三钙、硅酸二钙、铝酸三钙、铁铝酸四钙四种矿物组成,其水化产物主要有 C—S—H、CH 等。水化产物的体积小于水泥和水的体积,从而造成了体积的减小。大部分硅酸盐水泥浆体完全水化后,理论上体积缩减 7%～9%[11]。

2. 自收缩

混凝土在恒温绝湿条件下成型后,外界环境不再对混凝土提供任何附加水,混凝土内部水分随着水泥水化持续进行而引起的内部相对湿度降低的现象称为混凝土的自干燥,自干燥造成了混凝土的自收缩。混凝土的自收缩主要发生在早期,其与化学收缩的关系如图 5.12 所示[11, 12]。

混凝土干燥收缩主要是由于低水灰比和掺加大量活性掺合料。高强和高性能混凝土的自收缩一般发生在初凝之后,当混凝土由流态转向黏弹性固态时,由于内部含水率减少,孔隙和毛细孔的水也逐渐减少,导致水蒸气处于不饱和状态,使毛细管中的液面形成弯月面,最终产

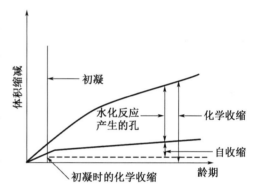

图 5.12　自收缩与化学收缩之间的关系

生毛细管收缩应力,使水泥石受负压作用,成为凝结和硬化混凝土产生自收缩的主要动力。大量的活性矿物掺合料的掺入也会使混凝土加大自收缩,由于活性掺合料比表面积大,从而导致其需水量大,自收缩严重[13-16]。

3. 塑性收缩

塑性收缩,顾名思义就是混凝土在塑性阶段发生的收缩,一般在拌和后 3～12 h 内,时间的长短主要取决于水泥的终凝时间。混凝土产生塑性收缩的主要原因是混凝土在新拌状态下,水分不断蒸发,拌合物内部水分不断迁移到混凝土表面,如果内部水分迁移速率小于水蒸发速率,则会产生塑性收缩,整个过程如图 5.13 所示[17]。

第一阶段,混凝土内部水分迁移速率大于其表面水分蒸发速率,因而不产生塑性收缩开裂。第二阶段水分蒸发速率大于内部水分迁移速率,此时产生的毛细管压力为

$$P = -\frac{2\gamma \cdot \cos\theta}{r} \tag{5.6}$$

式中,P 为毛细管压力;γ 为固液表面张力;θ 为接触角;r 为孔隙半径。

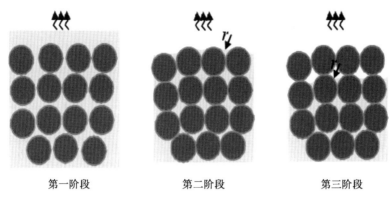

第一阶段　　　　　　第二阶段　　　　　　第三阶段

图 5.13　混凝土内部塑性收缩三阶段

第二阶段的弯月面仍然在混凝土的外表面且混凝土内部孔隙仍然填充着水分,此阶段的体积变形相当于蒸发水的体积。

第三阶段,内部水分大量蒸发,混凝土表面出现裸露的粒子,弯月面出现在混凝土内部,混凝土产生大量的塑性收缩。

4. 温度收缩

在通常使用情况下,混凝土的温度收缩主要是由于水泥不断水化产生大量的水化热,使混凝土内部温度偏高,但其表面因与空气接触导致表面温度较低,从而造成温差,产生温度收缩,尤其在大体积混凝土中体现得尤为明显。在无约束条件下,混凝土温差 ΔT 与热膨胀系数 α 的乘积就是温度收缩变形。混凝土的热膨胀系数因集料热膨胀系数的不同而不同,通常为 $6 \times 10^{-6} \sim 12 \times 10^{-6} /℃$[11]。

5. 干燥收缩

干燥收缩是指混凝土停止养护后,在不饱和空气中失去内部毛细孔水、凝胶孔水及吸附水而发生的不可逆收缩,它不同于干湿交替引起的可逆收缩。随着相对湿度的降低,水泥浆体的干缩增加,且不同层次的水对干缩的影响也不同。混凝土的干缩值在 $2 \times 10^{-4} \sim 10 \times 10^{-4}$ 范围内[11, 12]。

6. 碳化收缩

空气中含有一定量的 CO_2,在一定的湿度条件下,CO_2 能与混凝土中水泥水化生成的水化物如 $Ca(OH)_2$、C—S—H 凝胶等起反应,称为碳化。碳化伴随着体积收缩,称为碳化收缩,具有不可逆性。碳化收缩和干缩的叠加受到内部混凝土的约束,可能会引起严重的开裂。无论是单纯的碳化,还是在干缩同时发生的碳化,或者干燥后碳化产生的收缩,都在相对湿度为 50% 左右最大。碳化作用不仅能增加收缩量,且因 CO_3^{2-} 对 OH^- 的取代,混凝土的重量会有所增加[11, 12]。

5.3.2　基材类型对超低温下水泥基材料收缩应变的影响

混凝土在超低温下的收缩主要表现为冷缩,即混凝土放入超低温环境中,由于表面温度非常低,而试样中心温度暂时保持在常温,导致在试样表面和内部形成温度梯度而产生温度应力,甚至产生温差裂缝。饱和面干水泥净浆的收缩非常大,在超低温下其收缩应变见图 5.14,饱和面干普通砂浆 OM2 收缩应变见图 5.15。

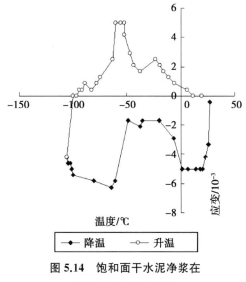

图 5.14　饱和面干水泥净浆在
超低温下的收缩应变

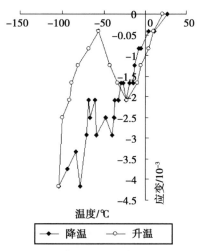

图 5.15　饱和面干普通砂浆 OM2 在
超低温下的收缩应变

1. 净浆

饱和面干净浆在超低温下的收缩变化非常明显,在降温阶段,净浆整体呈现出收缩趋势,但由于水泥净浆内部含有一定的孔隙水,其在超低温下不断冻结成冰造成体积膨胀,因而总体上呈收缩趋势,但在某阶段会出现一定程度的膨胀。净浆刚开始放入超低温冰箱时,由于表面温度骤降,在试样表面和内部形成很大的温度梯度,造成温度应力,因而产生较大收缩。由于净浆只由水泥和水构成,内部没有集料,因而不能抵抗其内部收缩或膨胀,其应变较大。净浆在 0～−50℃ 之间呈现一种膨胀的趋势,笔者认为是其内部不同孔径的孔隙水不断凝结造成膨胀,同时由于温度降低会出现收缩,但其膨胀值大于收缩值,因而整体呈现膨胀趋势。在 −50～−70℃ 之间,净浆不断收缩,之后略有膨胀然后再收缩,主要原因是,随温度不断降低,内部孔隙水进一步冻结,但由于此时对应孔的孔径非常小,因而内部孔隙水冻结所带来的膨胀较小。在升温阶段,净浆整体呈现膨胀趋势,但局部有收缩现象,主要是由于内部冰融化造成一定程度的收缩,这与降温阶段的变化趋势正好相反。但值得注意的是,净浆升温阶段收缩相对其降温阶段的膨胀过程有所滞后。

2. 砂浆

由图 5.15 可见,普通砂浆 OM2 在超低温下的收缩变化整体趋势也呈现出收缩与膨胀交替出现的现象。但不同的是,砂浆开始膨胀的温度区间与净浆不同,砂浆在 −30～−60℃ 和 −70～−90℃ 出现膨胀,其出现膨胀的温度区间较净浆晚,主要是由于砂浆内部含有一定量的集料,相较于净浆其抵抗收缩的能力强,因而膨胀温度区间滞后于净浆。同理,对于升温阶段,其收缩变化情况与降温阶段相反,总体呈现膨胀趋势,局部出现收缩,收缩温度区间与降温阶段的膨胀区间相比,略有滞后现象。

5.3.3 水灰比对超低温下砂浆收缩应变的影响

以 4 种不同水灰比的砂浆作为研究对象,研究其在饱和面干和绝干状态下的超低温收缩应变,4 种砂浆 HM,OM1,OM2,OM3 对应的含水率分别为 4.2%,4.8%,5.2%,5.5%,绝干状态下含水率为 0,具体变化规律见图 5.16 和图 5.17。

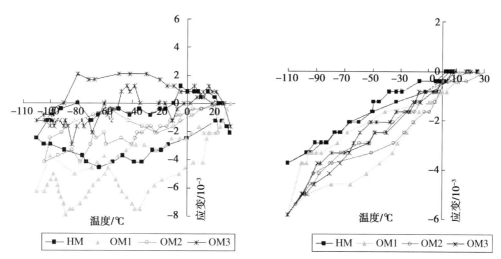

图 5.16 不同饱和面干砂浆在超低温下的收缩应变 图 5.17 不同绝干砂浆在超低温下的收缩应变

图 5.16 显示了 4 种不同水灰比的饱和面干砂浆放入超低温冰箱中后其收缩随温度的变化。4 种砂浆均分为降温阶段和升温阶段,其整体变化规律相似,但由于不同砂浆水灰比不同,因而具体变化规律不一。整体上在降温阶段呈现收缩,但由于内部孔隙水冻结膨胀,因而在局部温度区间膨胀;在升温阶段呈现与降温阶段相反的变化,即整体上呈现膨胀,局部温度区间呈现收缩。4 种砂浆在超低温下的收缩应变非常复杂,但大体上在 −20～ −60℃ 和 −70～ −90℃ 呈现膨胀,具体温度区间与砂浆水灰比有关;升温阶段的收缩温度区间与降温阶段的膨胀温度区间相比,对应略有滞后。

由图 5.17 可见,4 种绝干砂浆在超低温下的收缩应变规律类似。在降温阶段,收缩值随温度的不断降低而不断增大;在升温阶段,砂浆随着温度的不断升高而逐渐膨胀。但由于不同砂浆配比不同,各温度下不同砂浆的收缩值各不相同,与其水灰比相关,砂浆强度越高,收缩值越小。

5.3.4 含水率对水泥基材料在超低温下收缩应变的影响

以水灰比为 0.5 的普通砂浆 OM2 作为研究对象,研究其分别在饱和面干和绝干状态下的超低温收缩应变,对应含水率分别为 5.2% 和 0,具体的收缩值见图 5.18。

图 5.18 显示了饱和面干和绝干砂浆在超低温下的收缩应变。饱和面干砂浆呈现收缩和膨胀交替出现的现象。绝干砂浆随温度降低不断收缩,其整体呈线性变化,非常规律;其升温过程也很有规律,随温度升高不断膨胀。由于含水率不同,此处孔隙水为毛细

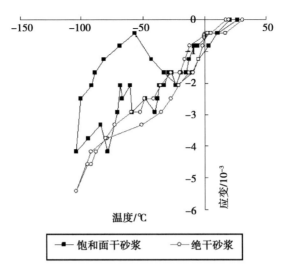

图 5.18　不同含水率的普通砂浆 OM2 在超低温下的收缩应变

孔水,其在降温过程中会冻结从而造成含水率几乎为零,因此不会造成砂浆体积膨胀。

　　绝干砂浆整体上在超低温下的收缩应变规律比较统一,由此可见,造成砂浆在超低温下的收缩应变复杂性的主要原因是砂浆内部孔隙水冻结引起膨胀与冻结交替出现。因此,砂浆内部孔隙水的控制对其收缩应变控制非常重要。

参考文献

［1］MARSHALL A L. Cryogenic concrete［J］. Cryogenics, 1982, 22(11): 555-565.

［2］MIURA T. The properties of concrete at very low temperatures［J］. Materials and Structures, 1989, 22(4): 243-254.

［3］KOGBARA R B, IYENGAR S R, GRASLEYZ C, et al. A review of concrete properties at cryogenic temperatures: Towards direct LNG containment［J］. Construction and Building Materials, 2013, 47: 760-770.

［4］ROSTASY F S, SCHNEIDER U, WIEDEMANN G. Behaviour of mortar and concrete at extremely low temperatures［J］. Cement and Concrete Research, 1979, 9(3): 365-376.

［5］BROWNE R D, BAMFORTH P B. The use of concrete for cryogenic storage: A summary of research past and present［Z］. 1981: 135-166.

［6］JAMES S W, TATAM R P, TWIN A, et al. Strain response of fibre bragg grating sensors at cryogenic temperatures［J］. Measurement science and technology, 2002, 13(10): 1535.

［7］MIZUNAMI T, TATEHATA H, KAWASHIMA H. High-sensitivity cryogenic fibre-Bragg-grating temperature sensors using Teflon substrates［J］. Measurement Science and Technology, 2001, 12(7): 914.

［8］WAXLER R M, CLEEK G W. Effect of temperature and pressure on refractive-index of some oxide glasses ［J］. Journal of Research of the National Bureau of Standards Section A-Physics and Chemistry, 1973 (6): 755-763.

［9］蒋正武,邓子龙,张楠.热孔计法表征水泥基材料孔结构［J］.硅酸盐学报,2012,40(8):1081-1087.

［10］蒋正武,张楠,杨正宏.热孔计法表征水泥基材料孔结构的热力学计算模型［J］.硅酸盐学报,2012 (2)：194-199.

［11］张巍,杨全兵.混凝土收缩研究综述［J］.低温建筑技术,2003(5)：4-6.

［12］李中华,曹建中,沈金根.混凝土早期收缩性能的研究现状与评述［J］.中国水运,2010,10(11)：227-229.

［13］杨全兵.高性能混凝土的自收缩机理研究［J］.硅酸盐学报,2000,28(12)：72-75.

［14］安明,朱金铨,覃维祖.高性能混凝土的自收缩问题［J］.建筑材料学报,2001,4(2)：159-166.

［15］钱晓倩,詹树林,方明晖.减水剂对混凝土收缩和裂缝的负影响［J］.铁道科学与工程学报,2004, 1(2)：19-25.

［16］马新伟,钮长仁,伊彦科.早龄期高强混凝土自收缩的测量［J］.低温建筑技术,2002(4)：4-5.

［17］乔墩,钱觉时,党玉栋.水分迁移引起的混凝土收缩与控制［J］.材料导报,2010,24(9)：79-83.

第6章　超低温下水泥基材料内部温度场分布

经典冻融破坏理论中涉及的静水压、结晶压等局部应力都有可能对材料宏观性能产生一定的影响。当水泥基材料处于超低温条件下,试件内部由于温度传递速率较慢,导致试件内外表面形成较大的温差,使结构的温度变形不能自由进行时,结构内部会产生温度应力,并进一步导致破坏。超低温冻融条件下,由于温度跨度较大,水泥基材料内部温度场及温度应力随冻融循环进程的变化而变化,会对结构本身产生一定的影响。目前关于超低温及其冻融环境下混凝土结构内部水热传输及非稳态瞬时温度场分布的研究甚少,因此,探索超低温条件下混凝土内部温度场的分布对于减少温度应力对结构的破坏具有重要意义。

6.1　超低温冻融过程中水泥基材料内部温度场分布

6.1.1　非稳态瞬时温度场

通常在自然环境下,结构物的内外表面以不同的方式不断地与环境介质发生热交换。超低温下由于水泥基材料是不良导体,外界温度的变化速率远大于水泥基材料内部的变化速率,加之从室温到超低温之间的温度跨度相当大,在多重条件的作用下,水泥基材料内部的温度分布呈非线性,并产生较大的温度应力。一般产生温度应力的原因主要有以下两种:①自平衡温度应力,是构建内部各纤维间的相互约束而产生的;②外约束温度应力,该应力的产生是由于环境变化而引起结构的温度变形,外约束温度应力一般只存在于超静定结构中。

超低温冻融循环是一个渐近、时变、周期性的传热传质过程,热量在传输的过程中由于水泥基材料复杂的多相体结构以及构件体积庞大的特点,会造成温度传导过程的滞后,并导致结构各部位之间温度场变化的不均匀性,进而导致局部温度应力的产生,随着冻融循环的持续进行,反复作用于水泥基材料[1]。因此,在内外表面仍存在热量交换的期间,整个温度场都处于非稳态。

6.1.2　水泥基材料的热传导基本方程

假设水泥基材料为内部均质且各向同性的材料,建立体积为 $dxdydz$ 的传热模型微

单元(图 6.1)。在单位时间 $d\tau$ 内,沿 X 方向微单元体内积蓄的热量为

$$dQ_X = \Delta Q_x - \Delta Q_{x+dX} \tag{6.1}$$

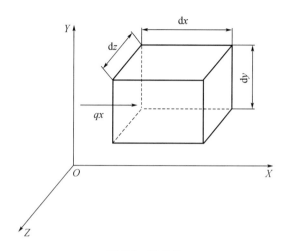

图 6.1　微元体

根据热流量的定义:

$$Q = q \cdot dA \cdot d\tau \tag{6.2}$$

式中,q 为热流密度。

将式(6.2)代入式(6.1)可得:

$$dQ_X = (q_x - q_{x+dX})dy\,dz\,d\tau = -dq_x\,dy\,dz\,d\tau \tag{6.3}$$

同理可得 Y,Z 方向上积蓄的热量为

$$dQ_Y = -dq_y\,dx\,dz\,d\tau \tag{6.4}$$

$$dQ_Z = -dq_z\,dx\,dy\,d\tau \tag{6.5}$$

因此,在单位时间 $d\tau$ 内,微元体整体积蓄的总热量即对式(6.3)、式(6.4)、式(6.5)求和,并对热流密度关于方向进行二阶偏导得到单位时间、单位长度内的热流密度[式(6.6)],并代入总积蓄热的累和式中,得到式(6.7)。

$$dq_x = \frac{\partial q_x}{\partial x}dx \tag{6.6}$$

$$dQ = -\left(\frac{\partial q_x}{\partial x} + \frac{\partial q_y}{\partial y} + \frac{\partial q_z}{\partial z}\right)dx\,dy\,dz\,d\tau \tag{6.7}$$

将热流密度与温度梯度的关系式(6.8)代入式(6.7)中,得到内部总积蓄热的方程式(6.9)。

$$q_x = -\lambda\frac{\partial T}{\partial X} \tag{6.8}$$

$$dQ = \lambda \left(\frac{\partial^2 T}{\partial x^2} + \frac{\partial^2 T}{\partial y^2} + \frac{\partial^2 T}{\partial z^2} \right) dx\,dy\,dz\,d\tau \tag{6.9}$$

本试验中,测试养护 28 d 后的试件内部的温度场。假设水泥水化热作用在单位时间内、单位体积中发出的热量为 Q,则单位时间内在体积 $dx\,dy\,dz$ 中发出的热量为 $Q dx\,dy\,dz$。

在时间 $d\tau$ 内,此六面体由于温度升高所吸收的热量为

$$Q = c\rho \frac{\partial T}{\partial \tau} d\tau\,dx\,dy\,dz \tag{6.10}$$

式中,Q 为热量,kJ;c 为比热容,kJ/(kg・℃);τ 为时间,h;ρ 为密度,kg/m^3。

根据热量的平衡,温度升高所吸收的热量必须等于从外界流入的净热量与内部水化热之和[2],即

$$c\rho \frac{\partial T}{\partial \tau} d\tau\,dx\,dy\,dz = \left[\lambda \left(\frac{\partial^2 T}{\partial x^2} + \frac{\partial^2 T}{\partial y^2} + \frac{\partial^2 T}{\partial z^2} \right) + Q \right] dx\,dy\,dz \tag{6.11}$$

化简后得到固体中热传导方程如下:

$$\frac{\partial T}{\partial \tau} = \alpha \left(\frac{\partial^2 T}{\partial x^2} + \frac{\partial^2 T}{\partial y^2} + \frac{\partial^2 T}{\partial z^2} \right) + \frac{Q}{c\rho} \tag{6.12}$$

式中,α 为导温系数,$\alpha = \frac{\lambda}{c\rho}$,m^2/h。

由于水化热作用,在绝热条件下混凝土的温度上升速率为

$$\frac{\partial \theta}{\partial \tau} = \frac{Q}{c\rho} = \frac{Wq}{c\rho} \tag{6.13}$$

式中,θ 为混凝土的绝热温升,℃;W 为水泥用量,kg/m^3;q 为单位质量水泥在单位时间内放出的水化热,kJ/(kg・h)。

因此,热传导方程可以改写为

$$\frac{\partial T}{\partial \tau} = \alpha \left(\frac{\partial^2 T}{\partial x^2} + \frac{\partial^2 T}{\partial y^2} + \frac{\partial^2 T}{\partial z^2} \right) + \frac{\partial \theta}{\partial \tau} \tag{6.14}$$

如果温度不随时间而变化,则式(6.7)为 0,且有 $\frac{\partial \theta}{\partial \tau} = 0$,热传导方程转化为 $\frac{\partial^2 T}{\partial x^2} + \frac{\partial^2 T}{\partial y^2} + \frac{\partial^2 T}{\partial z^2} = 0$,这种不随时间而变化的温度场称为稳定场,即最后试件内部温度达到的稳定状态。

因此,针对不同的外界服役环境或内部材料基本性能差异,可对热传导方程进行拆解、添加项或其他修正[6-10]。

本试验的导热机制为三维导热,所监控的温度均为各时间点的瞬态温度。在降温和升温过程中,内部的温度场是非稳态的,只有在达到预设温度时进行保温才逐渐转化为稳

态。非稳态的温度场区别于稳态之处即热荷载随温度不断发生变化,从而导致内部温度梯度分布不均匀[3,4]。

设结构内各点的变温(后瞬时与前瞬时的温度差)为 ΔT,变温 ΔT 使得结构内各点的微小长度产生正应变 $\alpha \Delta T$,其中,α 是弹性体内的线膨胀系数,它的因次是[温度]$^{-1}$,在各向同性体中,系数 α 不随方向而变,因此,应变值在各个方向相同。同时假设 α 不随温度变化,这样弹性体内各点的形变分量为

$$\varepsilon_x = \varepsilon_y = \varepsilon_z = \alpha \Delta T \tag{6.15}$$

$$\gamma_{yz} = \gamma_{zx} = \gamma_{xy} = 0 \tag{6.16}$$

由于弹性体所受的外在约束以及体内各部分之间的相互约束,上述形变不能自由发生,遂产生温度应力,对结构孔隙及微观性能产生影响。

6.1.3 超低温冻融过程中水泥基材料内部传热机制及温度场分布

实验室研究超低温温度场分布是应用超低温冻融箱对直径为 100 mm、高为 200 mm 的圆柱体试件在 20～−170℃ 的范围内以 0.5℃/min 的速率进行超低温冻融,当达到最低温或最高温时保温 1 h 以达到稳态温度场。

在三维导热环境下所选试件的形状在径向具有对称性,因此,径向只分析试件对称面的温度分布情况。在横向温度传递的探究中,测点分布如图 6.2 所示,结果如图 6.3 所示。在纵向温度传递的探究中,测点分布如图 6.4 所示,结果如图 6.5 所示。纵向分布的点 2 与点 4,点 1 与点 5 的温度差距较小,从点 5 到点 3 的温度梯度分布规律与从点 3 到点 1 的相似,因此可得纵向温度也是具有与横向温度相同的分布规律。

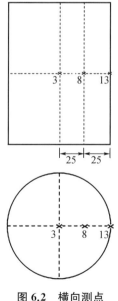

图 6.2 横向测点

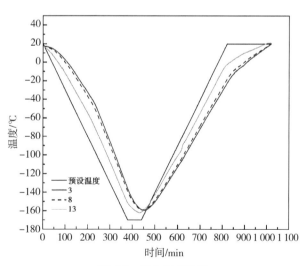

图 6.3 横向温度传递

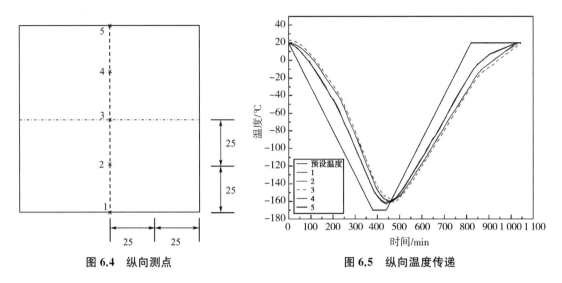

图 6.4 纵向测点　　　　　　　图 6.5 纵向温度传递

　　温度场梯度分布规律可归纳如下：不论是横向分布还是纵向分布，在升降温过程中，温度都是从最外表面到试件中心呈梯度分布，且越往试件中心，温度传递速率越慢，温度的变化越滞后。图 6.6 所示为试件传热示意图。

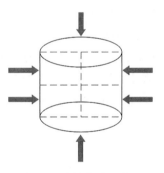

图 6.6　试件传热示意图

6.2　不同因素对超低温冻融循环过程中水泥基材料内部温度场的影响

　　水泥基材料的超低温研究大多是基于 LNG 储罐工程的性能研究[11-15]，而对其内部温度场分布及影响因素的研究罕有涉及。本节应用实验室超低温冻融试验模拟环境研究了不同因素对超低温及其冻融环境下水泥基材内部温度场的影响。

6.2.1　细集料

　　本节讨论了超低温冻融过程中水泥净浆和砂浆温度场的变化规律，并进一步探究了细集料对水泥基材料温度场分布的影响规律。试验选取圆柱体试件的特征点，即横向分布中心点 8、纵向分布中心点 2 和试件中心点 3。

　　本研究中选用的细集料为中砂,细度模数为 2.3～3.0,并进行过烘干处理以控制其含水率。细集料具有坚硬、致密等优良特性,使裂缝难以贯通,因而可抑制裂缝的扩展。通过对比超低温及其冻融循环下水灰比均为 0.40 的水泥净浆和砂浆试件中心测点的温度变化规律,得到的结果如图 6.7 所示。结合超低温冻融箱达到最低温－170℃时水泥基材料内部温度场的分布情况,得到的结果如图 6.8 所示。

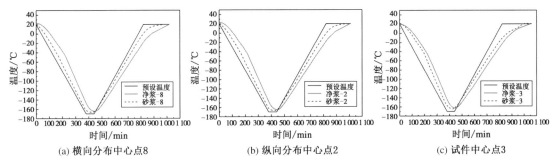

(a) 横向分布中心点8　　　　　(b) 纵向分布中心点2　　　　　(c) 试件中心点3

图 6.7　细集料对试件温度的影响

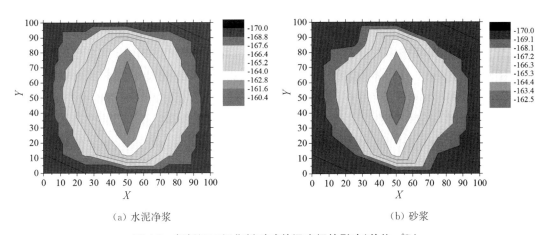

(a) 水泥净浆　　　　　　　　　　(b) 砂浆

图 6.8　超低温下细集料对试件温度场的影响(单位:℃)

　　由于细集料的掺入,水泥砂浆在温度传递过程中表现出了相对较好的导热性能,试件内外温差较小。降温过程中,砂浆试件中心与外部的温差更小,砂浆更早达到最低温,并且达到的最低温更低,在升温完成后更早与环境温度保持一致达到稳态。在该过程中,水泥砂浆的温度传递速率更快,表现出更好的导热性能,这与细集料的诸多性能是密切相关的。一方面,细集料具有坚硬的特点,使得试件的结构更为完善,在经历超低温及其冻融循环后,裂缝难以贯通,相对而言,抗冻融循环的能力更强,所以表现出更优异的导热性能;另一方面,细集料的掺入,使得试件内部结构更为致密,孔隙相对较少,而固体的导热性能优于气体,并且集料的导热系数高于水泥浆体,所以一定程度上加速了试件内部的温度传递。由于细集料的掺入,使得超低温下试件内外温差更小,试件内部温度分布更均匀,应力分布集中度相对较低,对水泥基材料的破坏相对较小。

6.2.2　试件尺寸

选取 100 mm×100 mm×100 mm 的立方体试件和直径为 100 mm、高为 200 mm 的圆柱体试件作为对照以探究试件尺寸对超低温下水泥基材料内部温度场的影响。通过对比分析两种试件的特殊点（即横向分布中心点 8、纵向分布中心点 2 及试件中心点 3）的温度变化规律，得到的结果如图 6.9 所示。

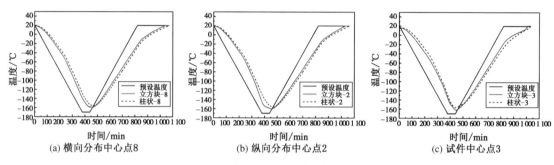

(a) 横向分布中心点8　　(b) 纵向分布中心点2　　(c) 试件中心点3

图 6.9　尺寸对试件温度的影响

从各特殊点与环境温度的差值可以看出，立方体试件的内外温差值更小，即立方体试件的导热性能优于圆柱体。造成这个现象的原因是导体介质的差异，导体介质对导热速率具有很大的影响。立方体较之圆柱体，横向上，立方体始终保持导体介质的横截面不变，而圆柱体的导体介质横截面一直发生变化，最外表面的横截面最小，试件中心最大，这也是导致温度传递速率变化的主要因素。当超低温冻融箱达到超低温−170℃时，试件内部的温度场如图 6.10 所示，内外相对温差结果如图 6.11 所示，其中，outside 代表最外表面与 25 mm 之间的温度差，inside 代表试件中心与 25 mm 之间的温度差。当达到最低温时，立方体试件的温度均低于圆柱体试件，表明该试件内部温度与环境温度的差值更小，产生的温度应力更小，超低温下对水泥基材料的破坏作用相对减弱。

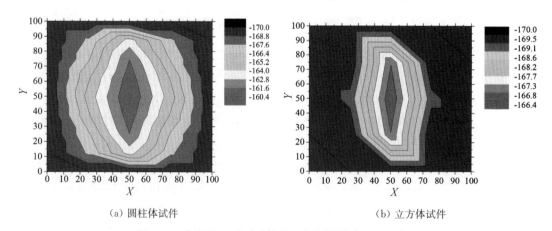

(a) 圆柱体试件　　　　　　　　　(b) 立方体试件

图 6.10　超低温下尺寸对试件温度场的影响(单位：℃)

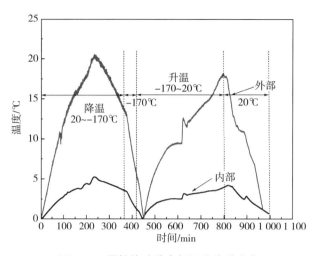

图 6.11 圆柱体试件内部温度传递速率

6.2.3 水灰比

当水泥基材料水化到一定程度时,试件内部的孔隙率是由其水灰比决定的,通常水灰比越大,孔隙率越大。在超低温冻融过程中,对于饱水状态下的试件,孔隙水经历冻胀—融化过程,水/冰的相变对温度传递速率起到重要作用。通过研究水灰比为 0.25,0.33,0.40 的水泥净浆和水灰比为 0.40,0.45,0.50 的砂浆在超低温冻融过程中的试件中心温度变化进而得到水灰比对超低温下水泥基材料内部温度场的影响规律。

图 6.12 所示为水灰比为 0.25,0.33,0.40 的水泥净浆在超低温冻融过程中的温度传递速率,选取特征点(即横向分布中心点 8、纵向分布中心点 2 及试件中心点 3)进行分析。结果表明:净浆水灰比增加,试件内外温差值增大,内部温度传递速率减缓。水灰比越高,内部孔隙率越高。在热量传递过程中,气体、水或冰的导热速率比固体水泥浆体低。

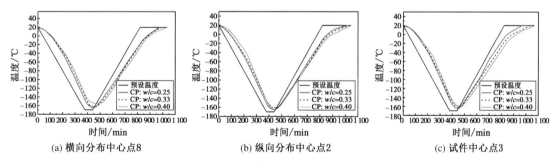

图 6.12 水灰比对水泥净浆试件温度的影响

图 6.13 中,当达到最低温时,从试件内部的温度场分布可知,水灰比越小,内部温度分布越均匀,试件内部的温度越低,与环境的温差越小,产生的温度应力越小,超低温下的破坏越小。当水泥基材料的水灰比较小时,试件内部孔隙率较低,结构密实程度更高,导热性能更优。

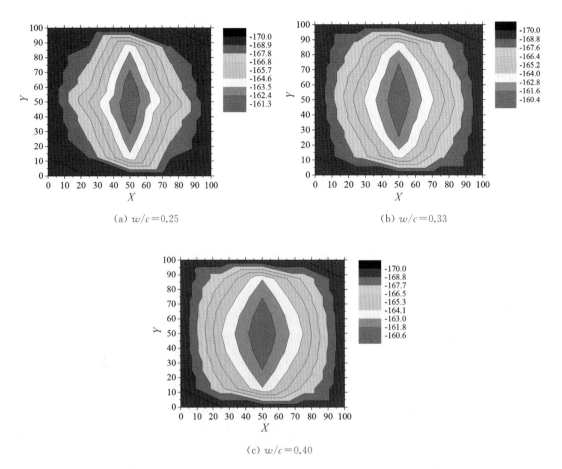

(a) $w/c=0.25$　　　　　　　　　　　　(b) $w/c=0.33$

(c) $w/c=0.40$

图 6.13　超低温下水灰比对水泥净浆试件温度场的影响(单位：℃)

　　水灰比为 0.40，0.45，0.50 的水泥砂浆在超低温冻融过程中特征点(即横向分布中心点 8、纵向分布中心点 2 及试件中心点 3)的温度分布规律如图 6.14 所示，当超低温冻融箱达到－170℃时水泥基材料的温度场分布如图 6.15 所示，该结果与水泥净浆的结果基本相似，即水灰比增大，试件内部温度传递速率减缓。试件水灰比越大，在降温过程中，达到最低温所需的时间越长，达到的最低温越高，在升温完成后达到稳态所需的时间也相对越

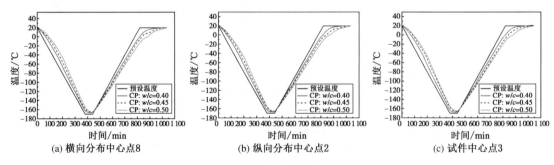

(a) 横向分布中心点8　　　　　　　(b) 纵向分布中心点2　　　　　　　(c) 试件中心点3

图 6.14　水灰比对砂浆试件温度的影响

长。同时对比水泥净浆和砂浆试件最外表面与中心的温差可知,水泥净浆温差值显著大于水泥砂浆的温差值,与 6.2.1 节中所得结论相符合,细集料的掺入加速了超低温冻融过程中水泥基材料的温度传递速率。

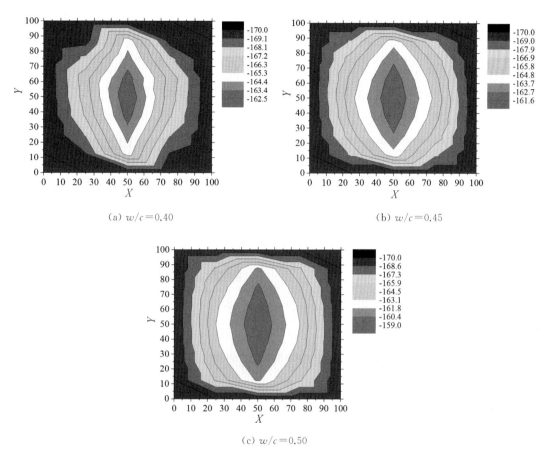

(a) $w/c=0.40$　　　　　　　　　　(b) $w/c=0.45$

(c) $w/c=0.50$

图 6.15　超低温下水灰比对砂浆试件温度场的影响(单位:℃)

6.2.4　含水率

含水率对水泥基材料的强度发展、收缩、徐变和碳化等诸多耐久性指标都有着重要的影响。试件中的含水率越高,超低温冻融过程中形成的冰含量就越高。冰的导热系数大于空气,会加速试件内部的温度传递。在超低温降温过程中,水泥基材料孔隙水逐步结冰,材料结构组成发生变化,由原来的水泥浆体、骨料、孔隙三相组成变为水泥浆体、骨料、冰、孔隙四相组成,其中水泥浆体、骨料含量不变,冰与孔隙体积总和不变,冰在总体积中的含量取决于温度和材料含水率。

因此,超低温下水泥基材料内部温度传递速率加快的根本原因是孔隙水结冰。含水率为 6.0%,8.2%,11.7% 的水泥净浆和含水率为 3.0%,4.2%,5.8% 的砂浆的内部特殊点的温度变化,以及当超低温冻融箱达到 −170℃ 时试件内部温度场的分布如图 6.16～图 6.19 所示。

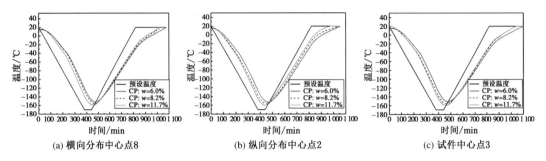

(a) 横向分布中心点8　　　　(b) 纵向分布中心点2　　　　(c) 试件中心点3

图 6.16　含水率对水泥净浆试件温度的影响

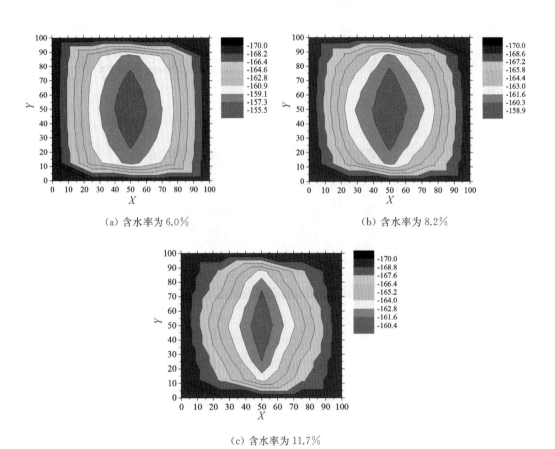

（a）含水率为 6.0%　　　　　　　　　　　（b）含水率为 8.2%

（c）含水率为 11.7%

图 6.17　超低温下含水率对水泥净浆试件温度场的影响（单位：℃）

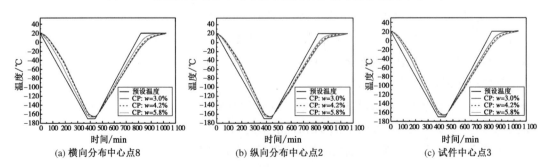

(a) 横向分布中心点8　　　　(b) 纵向分布中心点2　　　　(c) 试件中心点3

图 6.18　含水率对砂浆试件温度的影响

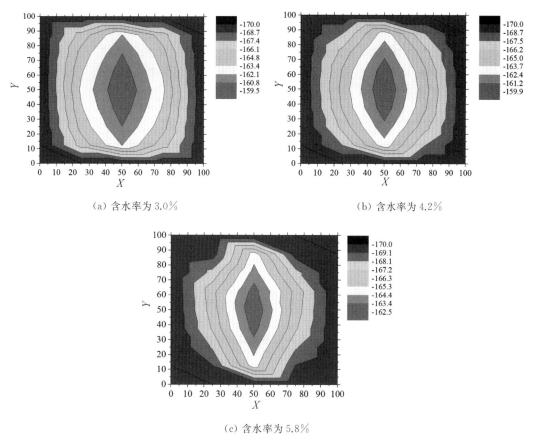

（a）含水率为 3.0%

（b）含水率为 4.2%

（c）含水率为 5.8%

图 6.19　超低温下含水率对砂浆试件温度场的影响（单位：℃）

对含水率的控制采取的方法是先水养至试件达到饱和程度，然后再进行烘干处理达到所需的含水率。在水泥净浆中，含水率对试件内部温度传递的影响较为显著。含水率越低，试件中心温度传递越滞后，温度传递速率越慢，与超低温冻融循环过程中水的冻胀有关。根据低温下孔隙水结冰的过程可知，随着温度的降低，孔隙中冰含量不断增加。$0 \sim -10℃$ 与 $-40 \sim -45℃$ 两个温度范围内冰含量出现快速增长，$-40℃$ 时，75.9% 的孔隙水已结冰[5]。对比升温过程和保温阶段中试件中心温度变化情况可知，保温阶段的温差变化速率明显大于升温阶段，即保温阶段的温度传递速率明显大于升温阶段。保温阶段试件温度基本都在 0℃ 以上，孔隙中存在水，而导热性能排序一般为水＞冰＞空气，所以导热性能更佳。对砂浆的研究，其结果基本与水泥净浆一致。但是由于砂浆的结构更为致密，因此，温差值普遍比水泥净浆的小，导热性能更优，与 6.2.1 节的结果相一致。

在非稳态的条件下，水泥基材料的含水率越高，试件中心的温度越低，内部温度分布梯度越小，分布越均匀。

6.3　超低温冻融循环对水泥基材料温度场的影响

水泥净浆和砂浆经历 3 次冻融循环的温度变化如图 6.20 所示。图 6.21 和图 6.22 所示分别为超低温下水泥净浆和砂浆内部温度分布情况。结果表明：冻融循环次数越多，试件中心与外表面的温差越大，试件内部温度传递速率越慢，温度分布越不均匀。在超低温冻融循环作用下，试件内部裂缝进行扩展，导致试件内部的结构致密性下降，从而使得温度传递速率下降。同时对比砂浆和水泥净浆，两者的变化规律几乎一致。砂浆由于结构更为致密，在升降温过程中，试件内部的温差值要小，所以其温度传递速率普遍要高于水泥净浆，并且砂浆到达稳态所需的时间都小于水泥净浆。

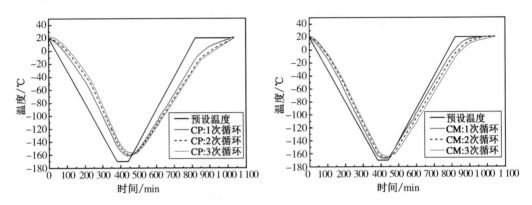

图 6.20　冻融循环下水泥基材料试件中心的温度变化

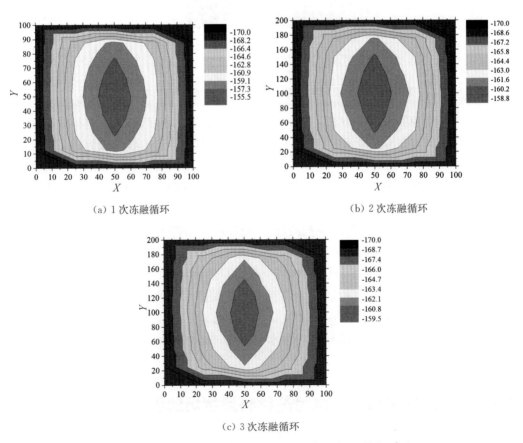

（a）1 次冻融循环　　　　　　　　　　（b）2 次冻融循环

（c）3 次冻融循环

图 6.21　超低温冻融循环下水泥净浆试件温度场（单位：℃）

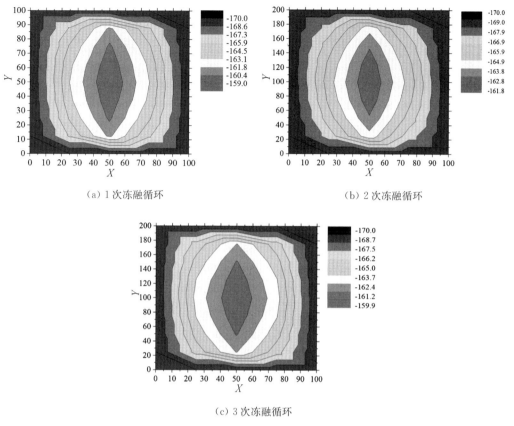

（a）1 次冻融循环　　　　　　　　　　　（b）2 次冻融循环

（c）3 次冻融循环

图 6.22　超低温冻融循环下砂浆试件温度场（单位：℃）

在非稳态三维导热环境下，当超低温冻融箱达到－170℃时，随着冻融循环次数的增加，水泥基材料内部温度分布梯度越来越大，试件中心能达到的最低温相对更高。对比砂浆和水泥净浆的内部温度分布梯度，在相同冻融循环次数下，砂浆内部温度分布梯度比水泥净浆更小，并且试件中心达到的最低温度更低。即在非稳态三维导热条件下，砂浆试件在超低温下具有较好的导热性能，与其内部孔隙结构以及细集料优异的导热性能有关。

参考文献

［1］蒋正武,邓子龙,李文婷,等.超低温冻融循环对砂浆性能的影响[J].硅酸盐学报,2014,42(5)：596-600.

［2］SPRINGENSCHMID R. Avoidance of thermal cracking in concrete at early ages [J]. E&FN Spon，London，1998.

［3］陈德威.大体积混凝土结构的不稳定温度场与温度应力[D].福州：福州大学,1995.

［4］王振波,宋修广,吴子平,等.混凝土基础底板温度场及温度应力分析[J].南京建筑工程学院学报，1999(4)：34-39.

［5］JIANG Z，DENG Z，ZHU X，et al. Increased strength and related mechanisms for mortars at cryogenic temperatures [J]. Cryogenics，2018，94：5-13.

［6］李建璞.温度场的快速计算[D].上海：上海师范大学.

［7］段安,钱稼茹.混凝土冻融过程数值模拟与分析[J].清华大学学报(自然科学版),2009(9)：19-23.

［8］赵玉青,邱攀,邢振贤,等.大体积混凝土导热系数反演分析[J].人民长江,2011(13)：65-67.

［9］张宇鑫,宋玉普,王登刚,等.基于遗传算法的混凝土一维瞬态导热反问题[J].工程力学,2003(5)：91-94,109.

［10］薛齐文,魏伟.非线性热传导反问题参数辨识[J].工程力学,2010(8)：13-17.

［11］ARVIDSON J M, SPARKS L L, STEKETEE E. Mechanical properties of concrete mortar at low temperatures[R]. 1984.

［12］KOGBARA R B, IYENGAR S R, GRASLEY Z C, et al. Relating damage evolution of concrete cooled to cryogenic temperatures to permeability [J]. Cryogenics, 2014, 64：21-28.

［13］KOGBARA R B, IYENGAR S R, GRASLEY ZC, et al. A review of concrete properties at cryogenic temperatures：Towards direct LNG containment[J]. Construction and Building Materials, 2013, 47：760-770.

［14］CHEN Q S, WEGRZYN J, PRASAD V. Analysis of temperature and pressure changes in liquefied natural gas (LNG) cryogenic tanks [J]. Cryogenics, 2004, 44(10)：701-709.

［15］MELERSKI E S. Numerical analysis for environmental effects in circular tanks [J]. Thin-Walled Structures, 2002, 40(7-8)：703-728.

第7章　热孔计法表征水泥基材料孔结构

孔隙水相变是超低温下水泥基材料性能发生重大变化的主要原因。孔隙水相变过程本身极为复杂,影响因素繁多,孔隙水结冰过程与机理并未完全探明,而水泥基材料复杂的孔结构,使得孔隙水相变过程的研究更为困难。而水泥基材料孔隙水相变过程的研究是认识其在超低温冻融过程中水分迁移、超低温性能变化的基础。

热孔计法是基于孔隙水相变温度降低这一原理建立起来的孔结构表征方法。在热孔计法计算过程中,可以定量计算给定负温下孔隙中冰的含量与分布,因此,热孔计法是研究低温下孔隙水相变及孔结构的重要测试方法。但热孔计法作为一种孔结构表征方法,其应用不如氮吸附法、压汞法等广泛,尤其是在水泥基材料中的应用、研究较少,需要更多的理论研究与数据支撑。

本章从孔隙水相变的物理化学过程出发,讨论了液态水、固态冰两相状态下的孔隙水相变过程。在此基础上建立了热孔计法的计算模型,并提出了基线修正处理方法。采用示差扫描量热分析(DSC)研究水泥基材料孔隙水相变过程,研究了热孔计法表征水泥基材料孔结构的影响因素,并采用热孔计法表征水泥基材料孔隙水相变过程和微孔结构。

7.1　孔隙水相变的物理化学过程

研究孔隙水相变的物理化学过程是研究孔隙水相变过程以及热孔计法的基础,也是几种冻融破坏模型的理论基础。孔隙水相变的物理化学过程推导有助于深入了解孔隙水的相变及迁移过程(图 7.1)。

对于多孔材料,水被高度分散,水、气、冰三相之间的界面对相变的影响不可忽略。由 Gibbs-Duhem 方程可得各相的状态方程[1]。

对于水、气、冰各相有:

$$S_i dT - V_i dP_i + m_i d\mu_i = 0 \qquad (7.1)$$

对于界面相有:

$$S_{ij} dT + A_{ij} d\gamma_{ij} + m_{ij} d\mu_{ij} = 0 \qquad (7.2)$$

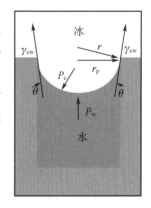

图 7.1　孔隙水相变机理示意图

式中，S 为熵；V 为体积；P 为压力；μ_i 为化学势；m 为质量；A 为界面相面积；γ 为表面张力；i，j 表示相的种类，可为冰 c、水 w 和水蒸气 g。

根据 Laplace 方程，有：

$$P_j - P_i = \gamma_{ij}\frac{\mathrm{d}A_{ij}}{\mathrm{d}V_j} \tag{7.3}$$

在三相平衡点，6 种组成相的化学势相等，有：

$$\mu_c = \mu_w = \mu_g = \mu_{cw} = \mu_{cg} = \mu_{wg} \tag{7.4}$$

$$\mathrm{d}\mu_c = \mathrm{d}\mu_w = \mathrm{d}\mu_g = \mathrm{d}\mu_{cw} = \mathrm{d}\mu_{cg} = \mathrm{d}\mu_{wg} \tag{7.5}$$

将冰 c、水 w、水蒸气 g 分别代入式（7.1）中，两两相减，并将式（7.3）、式（7.5）代入，可得：

$$\left(\frac{s_c - s_g}{v_c - v_g} - \frac{s_w - s_c}{v_w - v_c}\right)\mathrm{d}T = \frac{v_g}{v_c - v_g}\mathrm{d}\left(\gamma_{cg}\frac{\mathrm{d}A_{cg}}{\mathrm{d}v_g}\right) - \frac{v_w}{v_w - v_c}\mathrm{d}\left(\gamma_{cw}\frac{\mathrm{d}A_{cw}}{\mathrm{d}v_w}\right) \tag{7.6}$$

式中，s 为单位质量熵；v 为单位质量体积。

由式（7.6）可知，孔隙水相变温度与两个界面曲率有关。采用同样的数学处理方法，也可以得到另外两个类似的状态方程，三个状态方程包含了所有的可能状态。

对于饱水多孔材料，其固气界面可忽略。又 $v_g \gg v_c$，式（7.6）可变为

$$\Delta S_f \mathrm{d}T + v_l \mathrm{d}\left(\gamma_{cw}\frac{\mathrm{d}A_{cw}}{\mathrm{d}v_w}\right) = 0 \tag{7.7}$$

式中，$\Delta S_f = s_s - s_l$，为单位质量水结冰的熵变。

又 $\frac{\mathrm{d}A_{cw}}{\mathrm{d}v_w} = \kappa_{cw}$，$\kappa_{cw}$ 为冰水界面曲率。对式（7.7）进行积分，可得：

$$P_w - P_c = \gamma_{cw}\kappa_{cw} = \int_T^{T_m}\Delta S_{fv}\mathrm{d}T \approx 1.238T - 5.20\times10^{-3}T^2 \tag{7.8}$$

式中，ΔS_{fv} 为单位体积冰晶体融化的熵变，其取值的详细推导过程可参见文献[1]，进一步简化、修正过程可参见文献[2][3]。

由式（7.8）可知，相变温度主要与冰水界面曲率直接相关。当温度变化不大时，式（7.8）可由式（7.9）估算：

$$\gamma_{cw}\kappa_{cw} = \int_T^{T_m}\Delta S_{fv}\mathrm{d}T \approx \Delta S_{fv}\Delta T \tag{7.9}$$

由式（7.9）可知，此时相变温度降低值与界面曲率成正比。冰水界面曲率则与孔型、孔隙水结冰/融化过程等因素有关。水泥基材料孔结构更接近于圆柱孔[2,4]，本章仅讨论圆柱孔。对于球形孔，更多讨论参见文献[1][2]。

若不考虑孔隙连通性的影响，结冰过程中，冰水界面为半球形界面，其曲率为 $\kappa_F = 2/(r_p - \delta)$；融化过程中，冰从圆柱孔孔隙壁处界面融化，其曲率为 $\kappa_M = 1/(r_p - \delta)$。由于

融化过程中冰水界面曲率为结冰过程中冰水界面曲率的一半,由式(7.9)可知,在同一孔隙中,融化温度为结冰温度的一半。这是出现冻融滞回现象的主要原因之一。

对于低温下孔隙中冰水界面张力 γ_{cw},Brun 等[1]将 TPM 结果和 MIP 结果进行比较计算,并对多个研究者[5-7]的数据进行拟合,得到 γ_{cw} 随温度变化的拟合关系式:

$$\gamma_{cw} = (40.9 + 0.39\Delta T) \times 10^{-3}, \quad 0℃ \geqslant \Delta T \geqslant 40℃ \tag{7.10}$$

将式(7.10)、κ_F、κ_M 代入式(7.9),可得孔径与温度的关系:

$$\begin{cases} r_p(nm) = -\dfrac{64.67}{\Delta T} - 0.23 + \delta & (结冰) \\ r_p(nm) = -\dfrac{32.33}{\Delta T} - 0.11 + \delta & (融化) \end{cases} \tag{7.11}$$

式中,δ 为不可冻水膜厚度。Brun 等[1, 8]认为,对于纯水,取 0.8 nm 较为合理;Sun 等[2]认为,对于水泥基材料孔隙溶液,取 1.0~1.2 nm 较为合理。

热孔计法通过测量升降温过程中不同温度下饱水材料相变热来计算冰的体积,进而推导出孔体积。式(7.11)给出了温度与孔径的关系,是热孔计法的基础计算公式之一。为实现热孔计法,需进一步建立孔隙水结冰相变热与孔体积之间的关系式。

假设孔隙水完全结冰,孔隙水结冰理论热变化 W_{th} 可通过式(7.12)计算,文献[2]对计算式进行了进一步修正,并给出了冻融过程中的取值。

$$\begin{cases} W_{th} \approx T\Delta S_{fv}\left(1 - \dfrac{d\gamma_{cw}}{dT}\dfrac{\Delta T}{\gamma_{cw}}\right) \\ W_{th} \approx 332.4 & (结冰) \\ W_{th} \approx 333.8 + 1.797\Delta T & (融化) \end{cases} \tag{7.12}$$

实际情况下,孔隙中有一层未结冰水,实际热变化变为

$$W_a = W_{th} \times \frac{V_w}{V_p} = W_{th} \times \left(\frac{r_p - \delta}{r_p}\right)^n \tag{7.13}$$

对于圆柱形孔,$n = 2$;对于球形孔,$n = 3$。

7.2　热孔计法计算模型

7.2.1　基本计算模型

基于以上孔隙水相变理论与过程,可以进一步推导得到热孔计法的孔径分布计算模型[式(7.14)]。由此可采用 DSC 技术分别对升降温时孔溶液的温度和热变化进行测定,从而计算水泥基材料的孔径分布。

$$F(r) = \frac{dV_p}{dr_p} = K(r, n) \cdot \frac{W}{m_d\rho(T)W_{th}(T)} \cdot \frac{dT}{dr_p} \tag{7.14}$$

式中，V_p 为孔体积；m_d 为干燥样品质量；r_p 为孔半径；W 为 DSC 所测固化焓变；$W_{th}(T)$ 为液体固化焓函数；$\rho(T)$ 为冰密度函数；n 为孔型经验参数；$K(r, n)$ 为与孔型和孔径有关的函数。

（1）固化焓取值见式（7.12）。

（2）对于冰密度函数的取值，有学者认为，由于冰密度比水密度小，结冰后会使孔中水的体积增加。因此，降温时应用水密度来计算孔体积。但 Sun[2] 认为，无论升温或降温，采用冰密度来计算升降温时所对应的孔体积更为准确。本章选用冰密度函数作为计算参数。

$$\rho_{ice}(\text{g/cm}^3) \approx 0.916\,7 - 2.053 \times 10^{-4} \Delta T - 1.357 \times 10^{-6} \Delta T^2 \tag{7.15}$$

（3）孔型函数为

$$K(r, n) = \left(\frac{r}{r - \delta}\right)^n \tag{7.16}$$

式中，当孔型参数 $n = 2$ 时，为圆柱孔；当 $n = 3$ 时，为球形孔。

7.2.2　热孔计法基线处理方法

热孔计法在测试饱水水泥基材料过程中，孔隙水逐步结冰或冰融化成水，任意温度下样品由水泥基材料基体、水、冰三种物质组成。冰的比热容为水的一半，且随着温度的降低不断减小。因此，测试样品的比热容也随温度的变化而变化，而样品的比热容对测得的热流曲线有一定影响，进而给计算结果带来误差。为此，需要采用合理的基线处理方法来消除测试样品比热容随温度变化的影响。

基线处理方法应结合试验条件进行分析选择。目前主要有两种基线处理方法，一种是 Sun 等[2] 提出的 C-baseline，一种是 Johannesson 等[4, 9] 提出的 J-baseline。本节将对 C-baseline 和 J-baseline 两种基线处理方法进行比较，并根据测试条件对 C-baseline 进行修正。

1. C-baseline

Sun 等采用理论计算的方式，推导了任意给定温度下冰的质量的计算公式。以结冰峰前的平台作为计算起点 Q_0。

DSC 测得的热流为 Q（mW），是基线热流 Q_B 和孔隙水结冰热流 Q_C 两者之和。

$$mc_p = \frac{dh}{dT} = \frac{Q}{q} \tag{7.17}$$

式中，q 为升降温速率。

热流曲线对时间 t 的积分为

$$h = \int Q dt \tag{7.18}$$

基线的斜率为

$$\frac{dQ_B}{dt} = qm\frac{dC_p}{dt} \tag{7.19}$$

若相变焓为 $h_{\mathrm{f}}\,(\mathrm{J/g})$，则

$$Q_{\mathrm{C}} = h_{\mathrm{f}} \frac{\mathrm{d}m_{\mathrm{c}}}{\mathrm{d}t} \tag{7.20}$$

待测试样的比热容为 c_{p}，则

$$mc_{\mathrm{p}} = m_{\mathrm{s}}c_{\mathrm{ps}} + m_1 c_{\mathrm{pl}} + m_{\mathrm{c}} c_{\mathrm{pc}} \tag{7.21}$$

式中，m_{s} 为基体质量；c_{ps} 为基体比热容；m_1 为孔隙水质量；c_{pl} 为孔隙水的比热容；m_{c} 为孔隙冰的质量；c_{pc} 为孔隙冰的比热容。

初始状态下，孔隙水的质量为 m_{l0}，则任意温度下：

$$m_1 = m_{\mathrm{l0}} - m_{\mathrm{c}} \tag{7.22}$$

由孔隙冰质量变化导致的比热容变化有：

$$m\frac{\mathrm{d}c_{\mathrm{p}}}{\mathrm{d}t} = (c_{\mathrm{pc}} - c_{\mathrm{pl}})\frac{\mathrm{d}m_{\mathrm{c}}}{\mathrm{d}t} \tag{7.23}$$

以 Q_0 为计算起点，则：

$$Q_0 = Q_{\mathrm{B0}} = qmc_{\mathrm{p0}} = q(m_{\mathrm{s}}c_{\mathrm{ps}} + m_{\mathrm{l0}}c_{\mathrm{pl}}) \tag{7.24}$$

在此后的降温过程中，任一时间基线可由下式计算：

$$Q_{\mathrm{B}}(t) = Q_0 + \int_{t_0}^{t}\frac{\mathrm{d}Q_{\mathrm{B}}}{\mathrm{d}t'}\mathrm{d}t' = Q_0 + qmc_{\mathrm{p}}(t) - qmc_{\mathrm{p}}(t_0) = qmc_{\mathrm{p}}(t) \tag{7.25}$$

即

$$Q_{\mathrm{B}}(t) - Q_0 = qm(c_{\mathrm{p}} - c_{\mathrm{p0}}) = q(c_{\mathrm{pc}} - c_{\mathrm{pl}})m_{\mathrm{c}} \tag{7.26}$$

$$Q(t) = Q_{\mathrm{B}} + Q_{\mathrm{C}} = Q_0 + q(c_{\mathrm{pc}} - c_{\mathrm{pl}})m_{\mathrm{c}} + h_{\mathrm{f}}\frac{\mathrm{d}m_{\mathrm{c}}}{\mathrm{d}t} \tag{7.27}$$

或

$$\frac{\mathrm{d}m_{\mathrm{c}}}{\mathrm{d}t} + \frac{q(c_{\mathrm{pc}} - c_{\mathrm{pl}})}{h_{\mathrm{f}}}m_{\mathrm{c}} = \frac{Q(t) - Q_0}{h_{\mathrm{f}}} \tag{7.28}$$

任一时间冰的质量为

$$m_{\mathrm{c}}(t) = \int_{t_0}^{t} \exp\left[-\int_{t'}^{t}\frac{q(c_{\mathrm{pc}} - c_{\mathrm{pl}})}{h_{\mathrm{f}}}\mathrm{d}t''\right]\frac{Q(t') - Q_0}{h_{\mathrm{f}}}\mathrm{d}t' \tag{7.29}$$

由于试验中温度间隔非常小，可用梯形法则简化以上积分方程：

$$m_{c}(T+\Delta T) \approx m(T)x + \frac{\Delta T}{2} \cdot \frac{Q(T)-Q_0}{qh_f} \cdot x + \frac{\Delta T}{2} \cdot \frac{Q(T+\Delta T)-Q_0}{qh_f}$$

$$(7.30)$$

其中，

$$x \equiv \exp\left[-\frac{(c_{pc}-c_{pl})\Delta T}{qh_f}\right]$$

$$(7.31)$$

2. J-baseline

Johannesson 等[4, 9]的测试样品较大，为直径 14 mm、高 60 mm 的圆柱试样，对比试样是 105℃下完全干燥的同尺寸试样，因此其测得的热流曲线基线仅由冰和水的比热容组成。J-baseline 的主要原理是取全冰和全水状态下能量差的平均值作为基线来修正测得热流曲线。其主要流程如图 7.2 所示，图中，a 为结冰前累计热流曲线的外延线，假设累计热流曲线升降温重叠处孔隙水完全结冰（图中取 −55℃），则 −55℃处累计热流曲线与外延线 a 之间的能量差为 A，同理有能量差 B。A、B 分别为全水、全冰状态下与累计热流曲线的差值。修正后累计热流曲线与原始曲线之间的差值应小于 B、大于 A，令各温度下的差值均为 E。

$$E = C = D = (A+B)/2 \tag{7.32}$$

即可得到修正后的累计热流曲线，并以此作为计算基础。

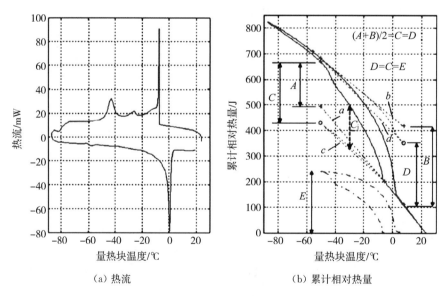

（a）热流　　　　　　　　　　（b）累计相对热量

图 7.2　J-baseline 基线处理方法

3. C-baseline 的修正

本试验中采用的差示扫描热分析仪为热流型 DSC，其测得结果如图 7.3 所示。降温过程中，在 −5～−10℃区间内出现一个巨大的放热峰，这主要是由于试样表面水结冰放出大量热。由于测试所用 DSC 为热流型,大量放热导致此放热峰出现交叉,使得进一步计算放热量变得非常困难。为了排除外部水放热峰的影响,对样品先进行预降温,随后再升温至一0.47℃(试验测得体相去离子水结冰温度),再进行降温,本次降温曲线所测得的热流曲线见图 7.3(b)。图 7.3(b)的降温曲线中,可以看到两个明显的放热峰,一个在 0～一10℃,一个在一40℃附近。

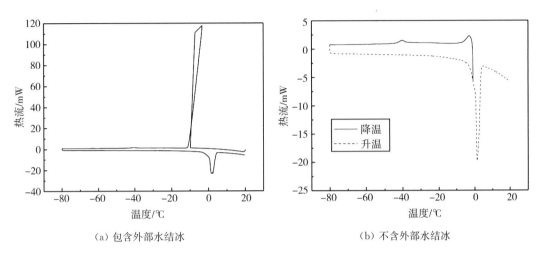

(a) 包含外部水结冰　　　　　　　　　(b) 不含外部水结冰

图 7.3　净浆试样在 DSC 中的热流曲线

采用预降温处理后,结冰峰前(0℃以上)不再有计算起点平台 Q_0,原 C-basline 的计算方法不再适用。故假设在测试温度的最低点(一80℃时),孔隙水完全结冰,此时测试样品由基体与冰组成,并以一70～一80℃的平台区域作为计算起点 Q_0,一0.47℃作为计算终点,在降温过程中任一温度下的冰含量可用下式计算:

$$m_c(T + \Delta T) = m_L - m_L(T + \Delta T)$$
$$\approx m_L(T)x + \frac{\Delta T}{2} \cdot \frac{Q(T) - Q_0}{qh_f} \cdot x + \frac{\Delta T}{2} \cdot \frac{Q(T + \Delta T) - Q_0}{qh_f}$$

$$(7.33)$$

其中,

$$x \equiv \exp\left[\frac{(c_{pc} - c_{pl})\Delta T}{qh_f}\right] \tag{7.34}$$

本章所有冰含量计算结果均采用上述基线处理方法对 DSC 测试结果进行修正。

7.3　热孔计法表征水泥基材料孔结构的影响因素

本节研究了各种试验条件,如坩埚密封性、导热介质稳定性、水泥基材料稳定性、样品质量和升降温速率等,对热孔计法表征水泥基材料孔结构结果的影响,并依此制定了合理的测试制度与流程。

7.3.1 密封性

图 7.4 是对去离子水进行升温速率为 3℃/min 测试所得吸热曲线。测试条件为：在 −30～10℃ 温度范围内进行连续三次 DSC 升温测试。由图 7.4(a)可知，在对去离子水进行低温测试时，随着测试次数的增加，吸热峰值逐渐降低，说明出现失水现象。这是因为在测试时，样品室内的气氛全为氮气，这使得样品坩埚内部的水蒸气压远远大于坩埚外部的水蒸气压，从而加快了坩埚中去离子水的蒸发速率。因此，为了避免水分蒸发，必须对样品采用密封措施。由图 7.4(b)所示，对坩埚进行密封处理后，所得的连续三次 DSC 吸热曲线几乎重合。

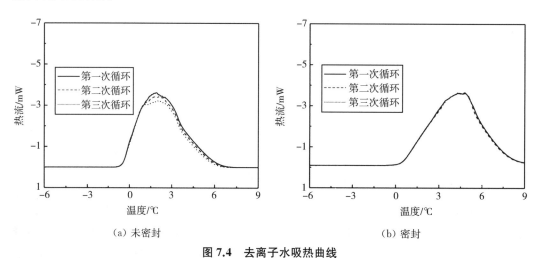

（a）未密封　　　　　　　　　　　　　（b）密封

图 7.4　去离子水吸热曲线

7.3.2 导热介质稳定性

为了测得水泥基材料中完整的孔信息，不能将样品制成粉末状，而是制成块状，热孔计法测水泥基材料孔结构也是如此。根据差示扫描量热法 DSC 仪器的特点，只有当样品下表面与铝坩埚内下表面很好地接触，才能通过下方的热电偶测得水泥基材料孔溶液的热量变化，但这导致样品其余表面吸放的热量不能被热电偶感应，从而使最终结果产生误差，如图 7.5(a)所示。为弥补这一缺陷，需选用一种热稳定性好、导热好的液体材料作为导热介质，覆盖于样品整个表面，从而间接将样品表面与热电偶联系起来，使其能感应到整个样品的热量变化，以提高其精确性，如图 7.5(b)所示。

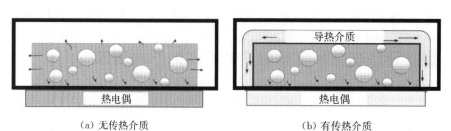

（a）无传热介质　　　　　　　　　　（b）有传热介质

图 7.5　样品在坩埚内的传热模拟图

煤油作为一种分子化合物,不导电,比热容为 $2.1×10^3$ J/(kg·℃),是一种导热性好、流动性好、相对分子质量高、不易挥发的液态物质。鉴于以上物理性质,本章对煤油进行了 DSC 低温升降温循环测试,其中升降温速率为 3℃/min,如图 7.6 所示,由图可知,温度在 $-60\sim10$℃范围内,煤油的升降温热流曲线没有出现明显的吸放热峰,说明在此温度范围内,煤油处于热力学稳定状态。因此,选用煤油作为导热介质。

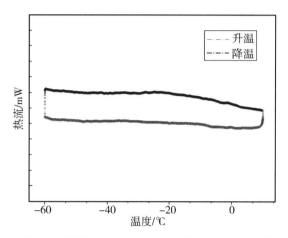

图 7.6 煤油在升降温速率为 3℃/min 时的升降温 DSC 热流曲线

在去离子水中滴加煤油,并测试其热流曲线,如图 7.7 所示。从图中可以明显看到,在相同升温速率下,滴加煤油后的样品相比于未加煤油样品,其吸热峰值更大,峰宽度更窄,峰外延始点温度与峰顶温度差值更小,而去离子水融点本身存在唯一性,其放热峰越靠近融点,峰越窄越精确。因此,滴加煤油后,所测得的结果更加精确。此外,煤油的滴加并不会对结果产生影响,其峰形与未滴加煤油的样品基本一致,而且重复性仍然很好,如图 7.7(b)所示。基于以上研究,本章认为将煤油作为导热介质是可行的。

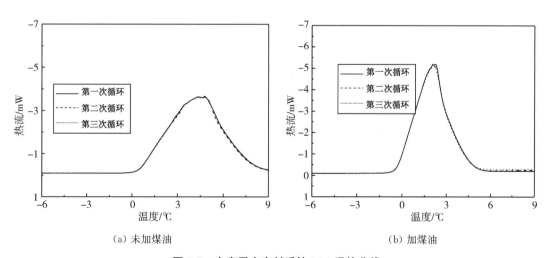

(a)未加煤油 (b)加煤油

图 7.7 去离子水密封后的 DSC 吸热曲线

7.3.3 水泥基材料稳定性

由于热孔计法是对饱和水泥基材料中孔溶液的热量变化进行测试,因此,水泥基材料本身在低温下是否稳定,也是热孔计法需要研究的问题之一。介于 C—S—H 和 AFt 的结合水会在 80℃ 以上失水,本章将对水泥石进行 6 h、70℃ 干燥处理,目的是在不破坏样品结构的同时,蒸发出孔内的孔隙水和吸附水,然后对样品进行低温 DSC 测试。由图 7.8 可知,干燥的水泥硬化净浆样品在 −70~10℃ 范围内没有出现放热或吸热现象,这说明在低温下水泥基材料的热力学性能处于稳定状态,且结合水在此温度范围内不会结冰。

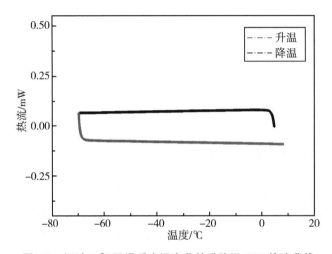

图 7.8 经过 70℃ 干燥后水泥净浆的升降温 DSC 热流曲线

7.3.4 样品质量

DSC 结果主要受试样性质、大小和试验升降温速率等因素的影响[10, 11]。为了排除升降温速率对结果的影响,将在同一升降温速率下,讨论样品质量对热孔计法结果的影响,从而提出采用热孔计法测水泥基材料孔结构时较为合适的质量范围。本节选用水灰比为 0.6 的水泥净浆试样进行试验。

图 7.9 为不同质量的硬化水泥净浆样品在各降温速率下的热流曲线。尽管降温速率不同,所得到的 DSC 放热峰形略有区别,但仍有共同之处。当样品质量取 14.45 mg 和 15.17 mg 时,尽管两者质量只相差 0.72 mg,但单位质量下的峰形面积明显不同;而对于样品质量为 28.47 mg 和 28.36 mg,两者质量相差 0.11 mg,但两者单位质量下的放热峰几乎完全重合。这说明在对样品进行降温测试时,质量越大,其质量差异所导致的结果差异越不明显,即质量越大,结果的相似性越强。值得注意的是,当降温速率设为 0.15℃/min 和 0.3℃/min 时,曲线稳定程度明显不如其他降温速率下的曲线,这与仪器本身的精度有关,但仍能判断出放热曲线的趋势。

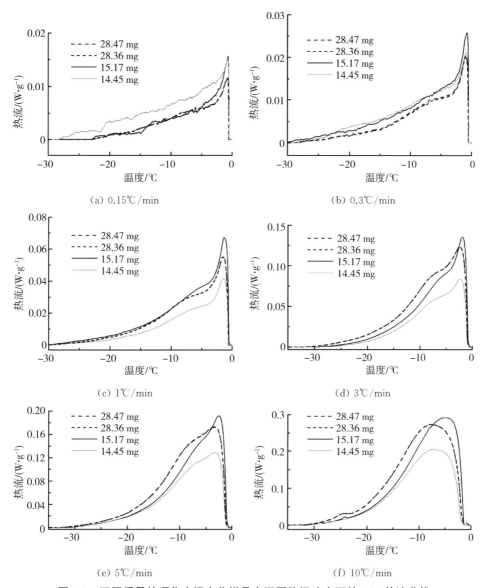

图 7.9　不同质量的硬化水泥净浆样品在不同降温速率下的 DSC 热流曲线

图 7.10 为不同质量的硬化水泥净浆样品在各升温速率下的热流曲线。所得结果与降温阶段的规律类似，即升温速率不同，所得到的 DSC 吸热曲线峰形也不同。通过对样品质量取 23.54 mg 和 20.64 mg 的结果比较发现，两者质量相差 2.90 mg，单位质量下的峰形面积明显不同；通过对样品质量取 35.52 mg 和 34.55 mg 的结果比较发现，两者质量相差 1.03 mg，但两者单位质量下的放热曲线在−0.46℃以下几乎完全重合。这说明在进行升温测试时，也是质量越大，由质量差异所导致的结果差异越不明显，结果的相似性越高。对于升温阶段的吸热峰而言，比较了−0.46℃以下的峰形。通过对去离子水进行不同速率下的融点测试，得到融点为−0.46℃，如图 7.11 所示。因此，图 7.10 中在−0.46℃以上的吸热信息还包含了样品表面冰的融化放出的热量，但这部分热量不在热孔计法的研究范围之内。

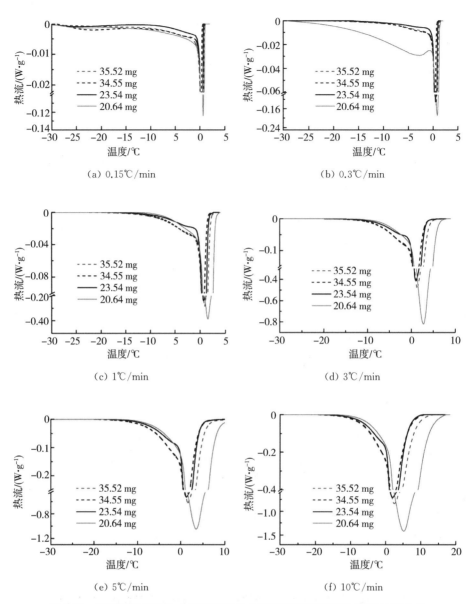

图 7.10　不同质量的硬化水泥净浆样品在不同升温速率下的 DSC 热流曲线

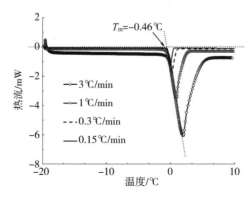

图 7.11　DSC 测得的去离子水的三相点

综上可知,热孔计法在进行降温或升温测试时,样品质量越大,由质量差异所导致的结果差异越小,结果的相似性越强。因此,在能放入 DSC 坩埚的前提下,推荐尽可能取质量较大的样品。

7.3.5　升降温速率

1. 升降温速率对分辨率的影响

对于一种测试方法而言,分辨率越高,测试结果越能获得更多的细节。从热孔计法测试原理上来看,升降温速率越小,所获得的热流曲线越贴近孔隙水结冰理论过程,计算得到的孔径分布也越接近理论结果。但升降温速率过小,也会影响热孔计法的测试效率。为了研究不同升降温速率对热孔计法分辨率的影响,选择了 MCM-41 和 sba-15 两种非连续孔结构惰性分子筛的混合试样进行讨论研究。由于这两种分子筛具有不同孔径结构,所以孔中的去离子水会在不同的温度区间结冰融化,因此,通过观测这两种分子筛由热孔计法所测孔径分布曲线之间的间距,来对热孔计法分辨率进行讨论。此外还采用氮吸附法(NAD)来测试样品,比较两种测孔方法的分辨率。

图 7.12 为不同降温速率对热孔计法测试结果分辨率的影响。随着降温速率的减小,MCM-41 和 sba-15 放热峰曲线和对应孔径尺寸分布曲线的两峰间距越来越大,并且间距的变化率越来越小。这说明降温速率与分辨率呈线性下降规律,且降温速率越小,分辨率差异越不明显。如图 7.12(b)所示,0.3℃/min 和 1℃/min 所得两峰间距几乎一致,且孔径尺寸分布曲线的峰形几乎重合,而相比之下,氮吸附法的分辨率不如热孔计法,而且所测得的孔径分布尺寸比热孔计法所测得的孔径尺寸小 1~2 nm。因此可认为,当取降温速率≤1℃/min 时,降温速率对孔径尺寸分布曲线分辨率的影响可忽略不计。

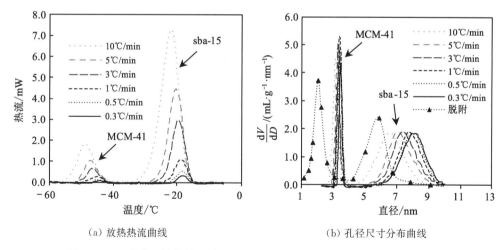

|(a) 放热热流曲线|(b) 孔径尺寸分布曲线|

图 7.12　两种分子筛的热孔计法在降温阶段和氮吸附法脱附阶段的测试图

图 7.13 为不同升温速率对热孔计法测试结果分辨率的影响。由图可知,随着升温速率的减小,MCM-41 和 sba-15 吸热峰曲线和对应孔径尺寸分布曲线的两峰间距也是越来越大,间距变化率越来越小。这说明升温速率与分辨率也呈线性下降规律,且升温速率

越小,分辨率差异越不明显。如图 7.13(b)所示,0.3℃/min 和 1℃/min 所得两峰间距几乎一致,且孔径尺寸分布曲线的峰形几乎重合。而相比之下,氮吸附法吸附阶段的分辨率与热孔计法升温阶段的分辨率类似,同样,氮吸附法所测得的孔径分布尺寸比热孔计法所测得的孔径尺寸小 1~2 nm。因此可认为,当取升温速率≤1℃/min 时,升温速率对孔径尺寸分布曲线分辨率的影响可忽略不计。

综上所述,当升降温速率小于 1℃/min 时,升降温速率对孔径分布曲线分辨率的影响可以忽略,但若升降温速率过小,则测试时长过长,热孔计法的测试结果易受试验仪器等条件的影响。因此,本书认为,试验选用示差扫描量热仪 DSC Q100,较为合理的升降温速率范围为 0.5~1℃/min。

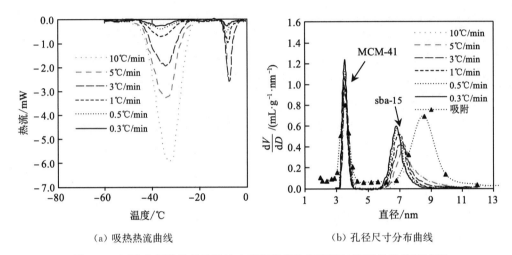

(a) 吸热热流曲线　　　　　　　　　　(b) 孔径尺寸分布曲线

图 7.13　两种分子筛的热孔计法在升温阶段和氮吸附法吸附阶段的测试图

2. 升降温速率对精确度的影响

利用 MCM-41 和 sbc-15 这两种分子筛对热孔计法的精确度进行分析研究。首先讨论在降温阶段,不同升降温速率对两种分子筛测试结果的影响情况,如图 7.14 所示。

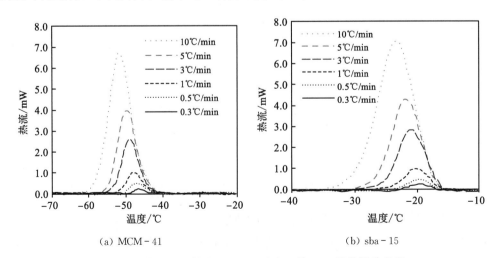

(a) MCM-41　　　　　　　　　　(b) sba-15

图 7.14　饱水分子筛在不同降温速率下的 DSC 放热热流曲线

从图 7.14 中可知,MCM-41 和 sbc-15 这两种分子筛的孔径中,孔溶液的结冰过冷度完全不同。由于 MCM-41 分子筛比 sba-15 的最可几孔径更小,所以孔中去离子水只能在更低的过冷度下才能结冰,这与前面的理论相符合。此外,将图 7.14(a)和(b)进行对比还发现,两者都随速率的增大,其峰形变宽,峰值变大。这与文献中所提到的,随着速率的增大,峰形变得尖而窄,形态拉长,峰温升高的结论不同,其中有三方面原因:其一,由水泥基材料孔溶液相变理论可知,温度与多孔材料的孔径是一一对应的,而速率越快,分辨率越低。这意味着随着降温速率的增大,相邻不同尺寸孔中去离子水结冰的放热峰出现更加严重的叠加现象。因此,随着速率的增大,叠加程度越大,其峰值越大。其二,由水相变理论可知,降温速率增大,去离子水来不及结冰,导致过冷度变大;同时,由于温度梯度的影响,随着降温速率的增大,靠近样品表面的孔溶液先结冰,而靠近中心部分的孔液体结冰较迟,从而导致随速率增大时,所显示的峰形更宽。

将图 7.14 所示结果代入热孔计法计算模型中,可得到图 7.15。

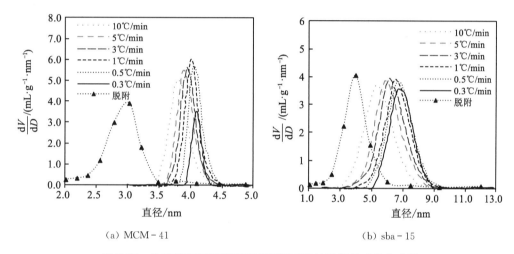

(a) MCM-41　　　　　　　　　　　(b) sba-15

图 7.15　分子筛在不同降温速率下所对应的孔径尺寸分布曲线

由图 7.15 可知,随着降温速率的减小,热孔计法孔径分布结果中的最可几孔径依次增大。尽管降温速率越小,曲线越偏离氮吸附法所得结果,但曲线之间的趋势更相似,峰宽呈逐渐变窄的趋势。值得注意的是,测试速率为 0.31℃/min 和 10℃/min 时,所得MCM-41 分子筛孔径尺寸分布的最可几孔径尺寸差为 0.25 nm,而 sba-15 的最可几孔径尺寸差为 1 nm。这说明孔尺寸越大,热孔计法结果所受速率影响越大。

为讨论热孔计法在升温阶段不同速率对精确度的影响,也采用以上两种惰性分子筛研究其测试结果的影响情况,如图 7.16 所示。

由图 7.16 中结果可知,由热孔计法在升温阶段所测得的两种分子筛孔径中水结冰过冷度也完全不同。与降温阶段结论一样,由于 MCM-41 分子筛比 sba-15 的最可几孔径更小,由热孔计法升温阶段所测得的结果显示,MCM-41 分子筛的孔径中水在温度更低时就出现融化,这仍与前面的理论相符合。此外,将图 7.15(a)和(b)进行对比发现,两者同样也都随升温速率的增大,呈峰形变宽、峰值变大的趋势。升温速率对峰值的影响,主

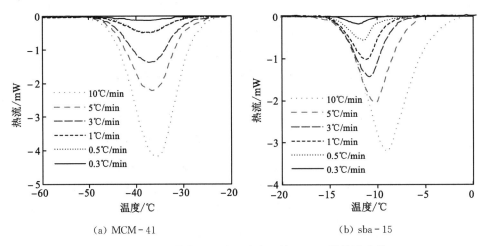

(a) MCM-41   (b) sba-15

图 7.16　分子筛在不同升温速率下的 DSC 吸热热流曲线

要是由于升温速率的增大,造成相邻不同尺寸孔径内部冰融化的吸热峰出现叠加所致,且升温速率越大,叠加程度越大,其峰值越大。由水相变理论可知,随升温速率的增大,冰来不及融化,从而出现融点滞后;同时,受温度梯度的影响,靠近样品表面孔的冰先融化,而靠近中心部分孔的冰融化较迟,且随升温速率加快,温度梯度越大,所显示峰形越宽。因此出现图中随速率的增大,峰形变宽的现象。

将图 7.16 所示结果代入热孔计法计算模型中,可得到图 7.17。从图中可知:随着升温速率的减小,最可几孔径依次减小。与氮吸附法所得结果的差异在 0~2 nm 不等,而且随升温速率的减小,曲线趋于相似,其峰高度呈逐渐增高趋势。测试速率为0.31℃/min 和 10℃/min 时,所得 MCM-41 分子筛孔径尺寸分布的最可几孔径尺寸差为 0.1 nm,而 sba-15 的最可几孔径尺寸差为 0.7 nm。这说明对于热孔计法升温阶段的测试,也是孔尺寸越大,其结果受升温速率影响越大。

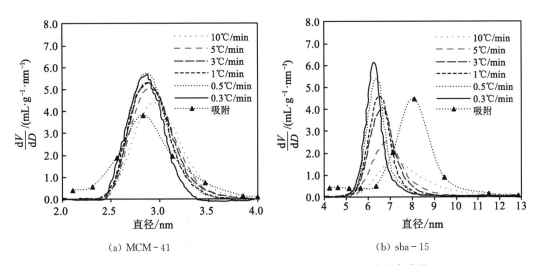

(a) MCM-41   (b) sba-15

图 7.17　分子筛在不同升温速率下所对应的孔径尺寸分布曲线

由此可以得到以下结论:在满足仪器要求的情况下,升降温速率越小,由热孔计法所得孔径分布结果差异越小。当孔尺寸越小时,受升降温速率影响也越小,其中升降温速率为 0.31℃/min 和 1℃/min 所得结果之间的差异几乎可忽略不计。但以上只是对峰值位置所对应的孔径尺寸进行了讨论,并没有讨论热孔计法所测孔径分布比例与氮吸附法所测孔径分布比例的相似性。为此,下面将以水灰比为 0.6 的水泥硬化净浆作为研究对象,分别用热孔计法和氮吸附法分析孔径分布比例的相似性,以讨论热孔计法运用于水泥基材料时升降温速率对结果的影响。

7.4　热孔计法表征水泥基材料孔隙水相变及微孔结构

本节采用热孔计法分析研究了水泥基材料中孔隙水结冰和孔隙冰融化过程。选用前述热孔计法测试方法和制度,表征了几种水泥基材料的微孔结构。

7.4.1　冻融过程中水泥基材料孔隙水相变

1. 降温阶段孔隙水结冰过程

为研究水泥基材料孔隙水相变过程,采用 DSC 测试了水泥净浆在 5～−80℃降温过程中的热流曲线,测试过程中采用 7.3.3 节所述预降温再升温至−0.47℃的方法排除外部水结冰放热对结果的影响,升降温速率为 0.5℃/min,测试结果如图 7.18 所示。

对以上热流曲线按优化后的 C-baseline 基线处理方法进行处理,可以计算得到任一温度下孔隙冰的质量。需要注意的是,此处计算得到的冰质量为热孔计法可表征孔径范围内(孔径 4～80 nm)的水结冰的含量。当孔径大于 80 nm 时,结冰过程在较小的温度范围内完成,热孔计法无法有效获取相关数据。

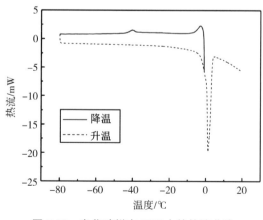

图 7.18　净浆试样在 DSC 中的热流曲线

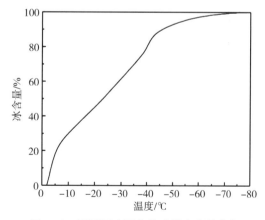

图 7.19　不同温度下净浆试样冰含量曲线

图 7.19 是降温过程中净浆试样孔隙冰含量增长曲线。从冰含量曲线来看,随着温度的降低,孔隙中冰含量不断增加。0～−10℃与−40～−45℃两个温度范围内的冰含量出现快速增长。−40℃时,75.9%的孔隙水已结冰。

超低温下,孔隙水不断结冰,水泥基材料脆弱的孔隙不断被冰填充,使得材料更加致密。表 7.1 为根据式(7.11)计算所得不同孔径孔隙水冰点及图 7.19 中对应的结冰量,其中不可冻水膜取 1.1 nm。

从表 7.1 可以看出,−20℃时,孔径 4 nm 孔中的孔隙水开始结冰;−40℃时,毛细孔水完全结冰,孔径 2.5 nm 孔中的凝胶孔隙水开始结冰。凝胶孔中的冰占 4～80 nm 孔中总冰量的 21% 左右。

表 7.1　　　　　　　　　　　　不同孔径下孔隙水的冰点

孔类型	孔径/nm	结冰温度/℃	冰含量/(wt%)
细毛细孔 (5～100 nm)	80	−1.65	0
	50	−2.68	5
	20	−7.08	25
	10	−15.66	39
	8	−20.66	46
	6	−30.36	62
凝胶孔 (2～5 nm)	5	−39.67	79
	4	−57.23	97

对图 7.19 中冰含量-温度数据进一步计算,可以得到水泥净浆试样孔径分布曲线和累计孔体积曲线,如图 7.20 所示。由图可知,水泥基材料中 10 nm 以下的孔所占比例很高。−40℃时,孔径为 4.4 nm 的孔隙水结冰,孔径在 4.4 nm 以下的孔体积约占测得部分孔体积的 2/3,但此部分孔隙冰仅为测得冰的总质量的 1/3。孔隙壁与冰之间填充着一层不可冻水膜。若以不可冻水膜厚度 1.1 nm 计算,则孔径 2.2 nm 孔中不可冻水体积占孔隙体积的 75%。

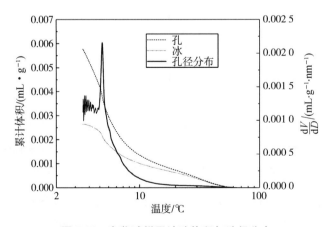

图 7.20　净浆试样累计孔体积与孔径分布

随着温度的持续降低,不可冻水也会发生相变,使得孔隙冰含量不断增加。Hansen 等[12]用低温核磁共振测试孔隙水相变发现"低温相变",温度降至 -70℃时仍有大量水相变发生,且这部分水占总相变水体积的 65%。低温相变主要是孔隙中不可冻水的相变,其相变温度范围较广,在 $-50 \sim -100$℃之间。不可冻水结冰将使得水膜厚度减小。

理论上,单个冰晶晶胞包含至少 3 个水分子层[13]。不可结冰水膜取最小值 1 个水分子层,假设水分子为球形,其直径取值约为 0.386 nm,因而最小可结冰孔直径为 5 个水分子层大小,直径约 1.93 nm。

以上孔隙水结冰过程均假设孔隙水为纯水,且孔隙连通性对冰点无影响。实际上,水泥基材料孔溶液并非纯水,即使试验过程中,采用去离子水再饱水,孔隙中的溶质也很难被完全去除,而溶质的存在将进一步降低孔溶液的相变温度。此外,孔的连通性也会影响孔溶液的相变温度。在水泥基材料中,孔隙水相变温度通常低于表 7.1 中计算得到的温度。

在饱水多孔材料中,仅温度足够低时才会发生成核结晶,水泥基材料孔隙水结冰过程以冰晶渗透生长为主。图 7.21 展示了冰晶体向孔隙生长的示意图,从图中可以看出,孔隙连通性对冰晶生长的影响。图中孔 C,E,F 半径相同,孔 B,D 半径相同。当外部水完全结冰后[图 7.21(a)],温度继续降低,当温度满足式(7.11)的结冰条件时,冰进入孔 A 中[图 7.21(b)]。随着温度的进一步降低,冰晶从孔 A 逐渐向孔 B 渗透生长,此时孔 D 中尽管满足式(7.11)的结冰条件,但若无法达到异相成核的过冷度,将仍然处于过冷状态。当温度进一步降低,冰晶渗透生长进入孔 C 中时,孔 C,D,E,F 中的水将同时结晶。

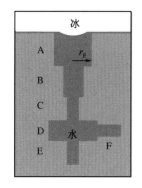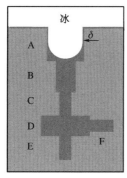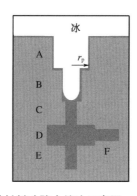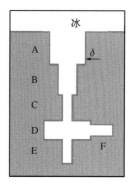

图 7.21　低温下水泥基材料孔隙水结冰示意图

综上所述,水泥基材料中毛细孔水结冰主要集中在 $0 \sim -50$℃范围内,$-50 \sim -100$℃范围内主要是凝胶孔隙水以及孔隙壁与冰体之间不可冻水的结冰。

2. 升温阶段孔隙冰融化过程

孔隙冰融化过程的曲率为结冰过程的一半,同一孔隙中,融点较冰点高。图 7.22 为孔隙水相变温度与孔径的关系。从图中可以看出,当孔径大于 10 nm 时,融点约为冰点的一半。

融化过程中,细小孔隙中的冰晶曲率更大,融点更低,先融化,随后扩展到较大孔隙中。融化过程示意图如图 7.23 所示。与结冰过程中需要冰晶胚而导致过冷现象不同的

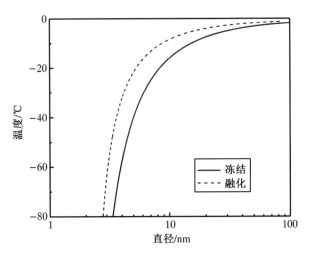

图 7.22 孔隙水冰点/融点与孔径的关系($\delta=1.1\ nm$)

是,融化过程中孔隙冰达到融点即可开始融化。图 7.23(a)中孔 C,E,F 先达到融点,同时开始融化,但三个孔隙并不连通。若温度继续上升,孔 B,D 中的冰开始融化,最后是孔 A 中的冰融化。冻融过程中结冰、融化顺序并不完全相同,这也是产生冻融滞回现象的原因之一。

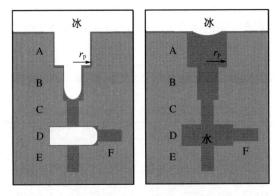

图 7.23 升温条件下水泥基材料孔隙冰融化示意图

7.4.2 硬化水泥浆体的微孔结构

为了讨论热孔计法表征水泥基材料孔结构的精确性,仍然将分析分为降温和升温两个阶段。

首先讨论在降温阶段时,热孔计法在不同降温速率下,对水灰比为 0.6 的水泥硬化净浆测试结果的影响情况,如图 7.24 所示。

由图 7.24(a)可知,随降温速率的增大,放热热流曲线的峰形变宽,峰值变大,这与前面的分子筛结果一致,由于降温速率增大,相邻不同尺寸孔内部水的放热峰出现叠加的程度变大,导致过冷度变大;同时,受温度梯度影响,靠近样品表面孔的水先结冰,但随降温

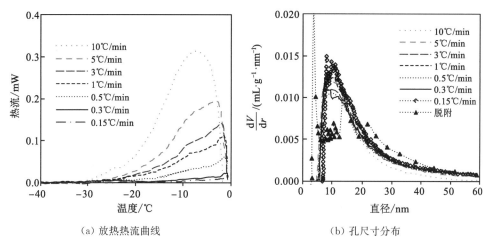

(a) 放热热流曲线　　　　　　(b) 孔尺寸分布

图 7.24　水泥硬化净浆的热孔计法在降温阶段和氮吸附法脱附阶段的测试结果

速率减小,温度梯度变小,所显示峰形变窄。但从图 7.24(b)中可得:除 0.15℃/min 结果不稳定外,其他降温速率所对应孔径分布曲线之间的趋势和位置差异并不明显,仅峰值在 $0.010 \sim 0.014$ mL/(g・nm)区间有所波动,尤其当速率在 $0.3 \sim 5$℃/min 之间时,其结果差异极小。相比于氮吸附法所得结果,热孔计法所得结果基本一致,但 10 nm 左右的孔分布比例比氮吸附法得到的结果多,而大于 20 nm 的孔分布比例相对少些。这可能是由于水泥基材料在真空条件下,内部孔结构会遭到破坏,而氮吸附法对样品进行真空处理后,使得较小的孔干燥且变大,分布比例相对向大孔迁移。

　　综合以上通过分子筛对热孔计法的讨论,认为降温阶段,仪器的操作速率为 1℃/min 最为合理。

　　下面将讨论热孔计法在升温阶段时,不同升温速率对水灰比为 0.6 的水泥硬化净浆测试结果的影响情况,如图 7.25 所示。

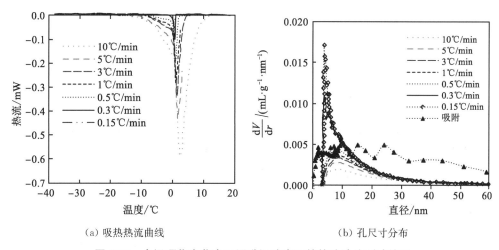

(a) 吸热热流曲线　　　　　　(b) 孔尺寸分布

图 7.25　水泥硬化净浆在不同升温速率下的热孔计法测试结果

由图 7.25(a)可知,升温速率对吸热峰的影响规律与降温对放热峰的影响规律一致,随着升温速率的增大,吸热热流曲线的峰形变宽,峰值变大,这与前面的分子筛结果一致。但从图 7.25(b)中可以看出,升温速率对热孔计法升温阶段所对应孔径尺寸分布曲线的影响较大,随着升温速率的减小,峰值变大。值得注意的是,0.15℃/min 和 0.3℃/min 的结果相似,1~5℃/min 之间的结果相似,但都与氮吸附法的结果有一定差异,可能是热孔计法和氮吸附法两种方法的原理各异所致。

通过讨论热孔计法表征水泥基材料孔结构的精确度发现,热孔计法由降温阶段所得结果与氮吸附法的脱附结果更为相符,而热孔计法由升温阶段所得结果与氮吸附法的测试结果差异较大。因此,推荐使用热孔计法降温阶段的结果来表征材料微孔结构。

7.5 热孔计法表征不同龄期下混凝土孔结构的研究

尽管混凝土孔结构随龄期的变化情况已经有大量研究者通过压汞法、氮吸附法等方法进行了研究,但由于这两种方法必须先对样品进行干燥,因此对孔结构造成了或多或少的破坏[14-18],而且大多数研究者[19, 20]的孔径分布数据规律并不明显。基于这方面原因考虑,下文将采用上文所建立的热孔计法测试标准,来讨论混凝土微孔结构随龄期的变化情况。

7.5.1 混凝土配比

为了使试验数据更具有比较性,本试验采用了两种不同强度等级的混凝土作为研究对象。在研究孔结构随龄期变化的同时,还可以观察到不同强度等级的混凝土在同一龄期时孔结构的差异。两种不同强度等级的混凝土配比如表 7.2 所示。

表 7.2　　　　　　　　　　　　两种不同强度等级的混凝土配比

编号	等级	胶材/(kg·m⁻³)	水胶比	粉煤灰/%	砂率/%
PC	C30	370	0.45	30	49
HC	C55	500	0.33	0	48

7.5.2 抗压强度随龄期的变化

图 7.26 所显示的结果与一般混凝土力学的发展规律一致。随龄期的增加,不同强度等级的混凝土抗压强度逐渐增大。相较于 HC 混凝土,PC 混凝土在后期的抗压强度增加更为明显,这主要是由于粉煤灰的掺入,对混凝土后期强度有贡献。

7.5.3 静弹性模量随龄期的变化

图 7.27 所显示的结果也与一般混凝土静弹性模量的发展规律一致。随龄期的增加,不同强度等级的混凝土的静弹性模量逐渐增大。同样,由于粉煤灰的掺入,PC 混凝土在后期的静弹性模量增加比 HC 混凝土更为明显。

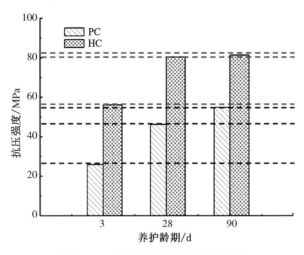

图 7.26　抗压强度随龄期的发展趋势

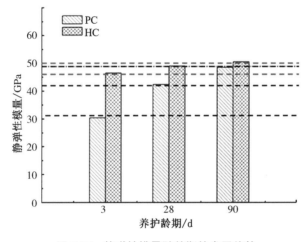

图 7.27　静弹性模量随龄期的发展趋势

抗压强度和静弹性模量随龄期而增加,其主要原因是内部孔隙和裂缝在胶凝材料水化过程中不断被水化产物填充,使材料本身更加密实[21]。

7.5.4　孔径分布随龄期的变化

将 PC 和 HC 两种强度等级的混凝土作为研究对象,采用热孔计法对其孔进行研究。图 7.28 为两种强度等级的混凝土在抗压强度和静弹性模量所对应的龄期中,孔溶液在孔隙中的相变趋势。从图中可知,随龄期的增长,两种样品单位质量的总结冰量都在发生变化,即都在逐渐减少,而总冰量又与单位质量的孔体积成正比关系,因此可以得到如下结论:随着龄期的增长,混凝土中的微孔孔隙率不断降低。此外,从 PC 混凝土的数据中可知,从 28 d 到 90 d 龄期的单位质量总冰体积变化量明显比从 3 d 到 28 d 龄期的单位质量总冰体积变化量大,而 HC 混凝土没有此现象,这可以用粉煤灰后期的火山灰二次反应机理来解释。对于同一龄期,混凝土强度等级越高,单位样品质量的微孔孔隙率越小。以上结论都与传统理论相符合。但值得注意的是,图 7.30 的结果并不能用以解释强度和静弹性模量的增长,因为 HC 混凝土在从 28 d 到 90 d 龄期的抗压强度并没有太大变化,但所对应的单位样品质量的总冰体积量却发生了巨大变化。这是否说明热孔计法所能测得的孔径范围对混凝土的宏观力学性能没有意义? 为此,将对热孔计法的数据进行进一步分析。

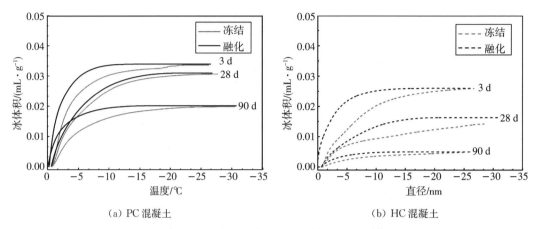

（a）PC 混凝土 （b）HC 混凝土

图 7.28　不同龄期下孔溶液在孔隙中的相变趋势

在此之前,先讨论所要研究的孔径区域。通过将龄期为 28 d 的两种混凝土用压汞法测其孔径分布情况,如图 7.29 所示。从图中可知,孔径分布比例主要集中在直径小于100 nm 的孔径范围内,而直径在 100 nm 以上的孔径比例非常少。

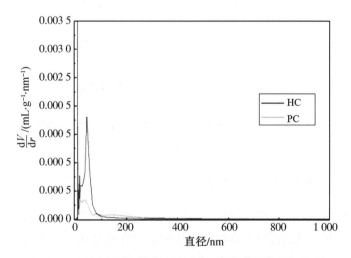

图 7.29　28 d 龄期的两种混凝土用压汞法测得的孔径分布

对于孔结构的分类,吴中伟院士在 1973 年提出对混凝土中的孔级划分如下:孔径小于 20 nm 的孔为无害孔;孔径为 20~50 nm 的孔为少害孔;孔径在 50~200 nm 的孔为有害孔;孔径大于 200 nm 的孔为多害孔,并认为有害孔、多害孔对混凝土性能的影响较大[22]。鉴于压汞法结果在直径大于 100 nm 的孔径范围内所测到的分布比例并不明显，因此下面主要讨论直径在 100 nm 以下的孔径。

此外，为了说明热孔计法的有效性，还对 28 d 龄期的两种混凝土分别使用压汞法、氮吸附法和热孔计法进行比较，如图 7.30 所示。

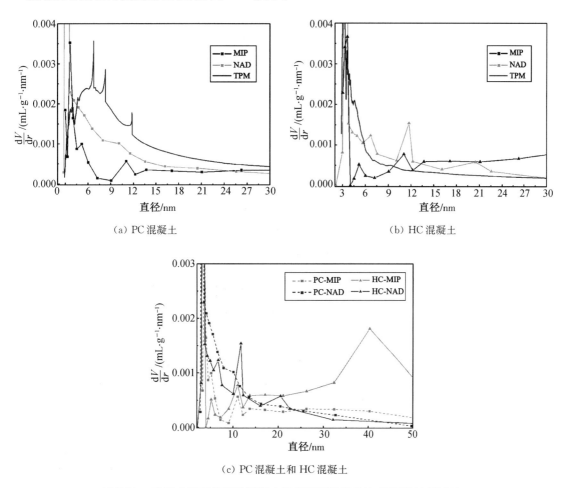

（a）PC 混凝土　　　　　　　　　　（b）HC 混凝土

（c）PC 混凝土和 HC 混凝土

图 7.30　对 28 d 龄期的两种混凝土使用压汞法（MIP）、氮吸附法（NAD）、热孔计法（TPM）测得的孔径分布

从图 7.30（a），（b）中可知，由于三种方法的理论原理不同，所以所得孔径分布结果也存在差异，但总体上氮吸附法与热孔计法数据的趋势更为接近。值得注意的是，用压汞法所得到的 HC 混凝土在直径小于 100 nm 孔径范围内的孔径分布比例小于 PC 混凝土孔径分布的比例；而氮吸附法的结果却是随强度的增加，孔径分布的比例减小。相比之下，氮吸附法的结果更符合理论。此原因可能在于，汞只能进入较大孔内，而无法进入微孔内部，导致所获得的孔信息并不理想，而氮吸附法则不受此因素影响。同时，如图 7.31 所示，热孔计法所测 28 d 龄期的结果与图 7.30（c）中氮吸附法的结果相似，随强度的增加，孔径分布的比例减小。因此，通过对三种方法的比较发现，在测微孔范围内，氮吸附法与热孔计法数据的趋势比压汞法数据更为接近，又由于氮吸附法在原理上更适合测微孔结构,从而认为热孔计法在测微孔结构时具有有效性。

为此,下面将通过热孔计法的数据进一步分析不同龄期样品孔结构的变化情况。

如图 7.31 所示,对于不同强度等级的混凝土,热孔计法所得到的孔径分布,随龄期增加,孔径分布趋势出现相似变化。

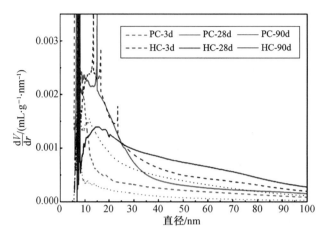

图 7.31　不同龄期混凝土孔径分布的演变趋势

首先,对于同一龄期的两种混凝土,HC 混凝土的孔径分布比例总是小于 PC 混凝土,尤其是在直径大于 20 nm 的孔径范围内,这符合强度越高,孔体积越小的一般规律。

对于 HC 混凝土而言,与 28 d 龄期的孔径分布相比,3 d 龄期在直径大于 20 nm 的孔比例更多。随水化的进一步进行,这部分孔大多被水化产物填充,变成更细的孔。因此,28 d 龄期时,直径大于 20 nm 的孔比例明显减少,而直径小于 20 nm 的孔比例增多。当龄期到达 90 d 时,与 28 d 龄期相比,孔径分布主要是在直径小于 20 nm 范围内的比例下降尤其明显。

就 PC 混凝土而言,在 3 d 和 28 d 龄期之间的孔径分布变化情况与 HC 混凝土类似。但相对于 28 d 龄期,90 d 龄期的结果不仅在直径小于 20 nm 的孔径范围内比例变化较大,而且在直径大于 20 nm 的孔径范围内比例变化也较大。这说明图 7.28 中所显示的,HC 混凝土在 28 d 到 90 d 龄期的孔隙率下降主要是由于直径小于 20 nm 的孔在发生变化,直径大于 20 nm 的孔变化不大。而 PC 混凝土在 28 d 到 90 d 龄期的孔隙率下降一部分原因是直径大于 20 nm 的孔在发生变化。

值得注意的是,图 7.26 和图 7.27 对 HC 和 PC 混凝土宏观性能的结论中提到,HC 混凝土在 28 d 后的抗压强度变化并不明显,而 PC 混凝土变化很大。这说明孔隙率的变化在一定程度上不会对混凝土宏观性能有贡献,而其主要作用的是导致孔隙率变化的孔径范围。由图 7.31 分析总结可知,直径大于 20 nm 的孔极大地影响着水泥基材料的宏观力学性能,而此结论恰好与吴中伟院士提到的混凝土中孔径小于 20 nm 的孔为无害孔的观点相一致。

由以上研究发现,相比传统的压汞法而言,热孔计法测得的结果更能表征水泥基材料中直径小于 100 nm 的孔结构变化情况,并可用于解释宏观力学性能的变化情况。由热孔计法结果可知,孔隙率的变化在一定程度上不会对混凝土宏观性能有贡献,其主要作用的是导致孔隙率变化的孔径范围。通过对 HC 和 PC 混凝土的宏观、微观角度分析得知,水泥基材料中直径小于 20 nm 的孔对宏观力学性能的影响不大。

7.6　超低温冻融循环对水泥基材料微孔结构的影响

混凝土在进行冻融循环时,其内部孔溶液不断地发生结晶膨胀融化、水分迁移等,使混凝土内部孔结构产生了一定程度的劣化。不少研究者通过压汞法对经过常规冻融循环的混凝土孔结构变化进行了讨论。段纪成等[23]在用压汞法研究 D-40 和 H-40 两种高性能混凝土的常规冻融耐久性时,得到了图 7.32 的结果,可见冻融前后直径小于 100 nm 的孔径分布变化很难辨别。

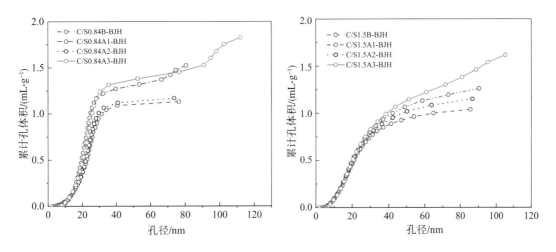

图 7.32　D-40,H-40 混凝土冻融循环前后孔径分布[23]

张连水[24]采用压汞法研究了未加引气剂混凝土在常规冻融前后的孔结构分布变化,认为无害孔、少害孔、有害孔含量变化幅度不大,而多害孔增加比较明显。

考虑到压汞法对样品进行真空干燥时所带来的破坏[16, 17]可能会影响冻融前后孔径分布变化的结果,因此,下面将用热孔计法研究经超低温冻融破坏前后水泥基材料微孔分布变化情况。

7.6.1　不同配比材料的微孔径分布情况

将水灰比分别为 0.4,0.5 和 0.6 的水泥净浆试块作为研究对象,采用热孔计法对其孔进行研究,图 7.33 为不同水灰比样品中微孔孔溶液随温度的相变情况。

从图 7.33 中可知,随水灰比的增大,样品单位质量的总结冰量随之增大,而且同一温度下,随水灰比的增大,单位样品质量中的结冰量也是随之增大的。说明随水灰比的增大,水泥基材料中的微孔孔溶液更易结冰,考虑到总冰量与单位质量的微孔孔体积成正比

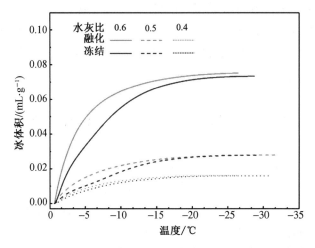

图7.33   不同水灰比样品中微孔孔溶液随温度下降的固-液相变趋势

关系,由此可得到如下结论:随水灰比减小,水泥基材料中的微孔孔隙不断减少。

如图7.34所示,对于不同水灰比的样品,通过热孔计法所得到的孔径分布情况也不同,即随水灰比的增大,微孔孔径分布比例总体随之增大。

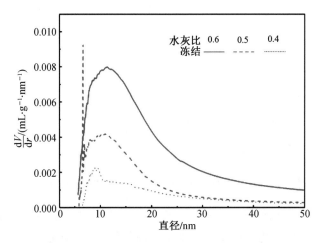

图7.34   不同水灰比样品在同一龄期的孔径分布

对不同水灰比样品的初始状态进行孔分析后,下面将对研究对象进行超低温冻融循环,来讨论孔结构随冻融循环的变化情况。

7.6.2   冻融次数与相对动弹性模量的关系

通过对超低温冻融循环后相对动弹性模量的测试,得到图7.35。通过对超低温冻融次数与动弹性模量损失的结果进行线性拟合发现,对于不同水灰比的净浆试块,超低温冻融次数与动弹性模量损失基本满足线性关系,即 $N = A \cdot S$,其中,N 为冻融次数,S 为动弹性模量损失,A 为线性常数。

从图7.35中的三个线性拟合方程式可以发现,随水灰比的增大,线性常数 A 是随之减小的。为进一步研究线性常数 A 与水灰比 W_c 之间关系,利用表 7.3 中的数据对其进行非线性拟合,得到图 7.36。

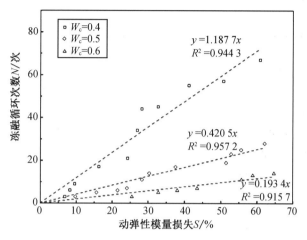

图 7.35　水养净浆试块受冻融次数 N 与动弹性模量损失 S 的关系

表 7.3　　　　　净浆水灰比 W_c 与线性常数 A 之间的关系

W_c	0.4	0.5	0.6
A	1.187 7	0.420 5	0.193 4

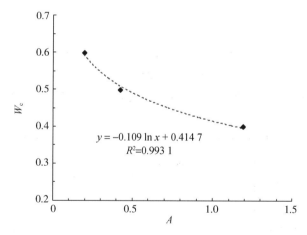

图 7.36　净浆水灰比 W_c 与线性常数 A 之间的关系

从图 7.36 中可得到水灰比 W_c 与线性常数 A 的关系式:

$$W_c = -0.109\ln A + 0.414\,7 \tag{7.35}$$

将式(7.35)代入超低温冻融次数 N 与动弹性模量损失的线性关系式 $N = A \cdot S$ 中,得到:

$$S = N \cdot e^{\frac{W_c - 0.414\,7}{0.109}} \tag{7.36}$$

131

式中，W_c 为净浆水灰比；N 为冻融次数；S 为动弹性模量损失。

由此就得到了超低温冻融次数与动弹性模量损失的线性关系式，但若要确定此关系式的合理性，还需要大量试验对其进行验证。

7.6.3 超低温冻融对水泥基材料微孔结构的影响

上文对超低温冻融次数与动弹性模量损失的关系进行了分析，本节将利用热孔计法从微观上研究不同水灰比样品的孔结构随动弹性模量损失的变化情况。从图 7.37 中可知，随相对动弹性模量损失的增加，水灰比为 0.6 的样品总的单位质量结冰量逐渐增加，而总冰量又与单位质量的孔体积成正比关系。因此可得到如下结论：随冻融次数的增加，相对动弹性模量损失增加，样品的微孔孔隙不断增加。这是由于冻融循环时，其内部孔溶液不断地发生结晶膨胀融化、水分迁移等，使材料内部产生新的微小裂缝。图 7.37 所对应的孔径分布情况见图 7.38。

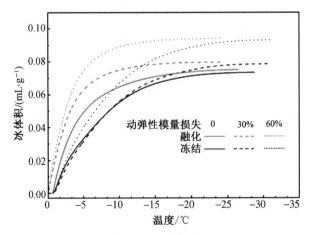

图 7.37　水灰比为 0.6 的样品随动弹性模量损失的微孔孔溶液相变趋势

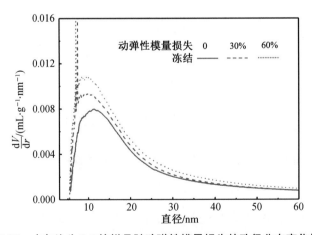

图 7.38　水灰比为 0.6 的样品随动弹性模量损失的孔径分布变化情况

由图 7.38 可知，对于水灰比为 0.6 的样品而言，随冻融次数的增加，相对动弹性模量损失增加,微孔孔径分布比例总体随之增大。这说明对于水灰比为 0.6 的样品,在超低温冻融循环中,不仅尺寸小的孔由于冰压力和水的静压作用变为尺寸较大的孔,同时还生成了新的微孔。因此,总体上看,水灰比为 0.6 的样品随相对动弹性模量损失的增加,微孔孔径分布比例随之增大。

但由图 7.39 可知,随相对动弹性模量损失的增加,水灰比为 0.5 的样品单位质量总的结冰量并不同于水灰比为 0.6 的样品是逐渐增加,而是呈先减小后增加的趋势,这说明随冻融次数的增加,相对动弹性模量损失增加,水灰比为 0.5 的样品的微孔孔隙呈先减小后增加的趋势。图 7.39 所对应的孔径分布情况见图 7.40。

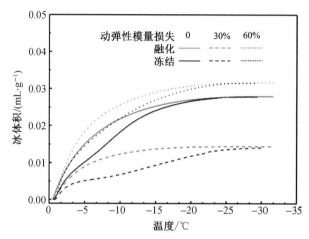

图 7.39　水灰比为 0.5 的样品随动弹性模量损失的微孔孔溶液相变趋势

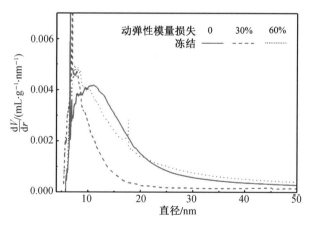

图 7.40　水灰比为 0.5 的样品随动弹性模量损失的孔径分布变化情况

由图 7.40 可知,对于水灰比为 0.5 的样品而言,随冻融次数的增加,相对动弹性模量损失增加,微孔孔径分布比例出现了复杂的变化。在相对动弹性模量损失为 30% 时,微孔孔径分布比例相较于相对动弹性模量损失为 0% 时下降明显,主要集中在 10 nm 左右。其后在相对动弹性模量损失为 60% 时,微孔孔径分布比例比相对动弹性模量损失为 30% 时又有所提高,直径超过 20 nm 的孔比例也明显增加。这说明对于水灰比为 0.5 的样品,在超低温冻融循环初期,冰压力和水的静压作用不足以使材料生成新的微孔,只能使既有孔尺寸变大;而在超低温冻融循环中后期,冰压力和水的静压作用已能使材料生成新的微孔,同时使既有孔尺寸变大。因此才出现相对动弹性模量损失为30%时,微孔孔径分布比例下降明显的现象,这时所测得的孔均为新生成的微孔,而相对动弹性模量损失为0%时所测得的孔均变为大孔,并且已不在热孔计法表征范围内。在相对动弹性模量损失为60%时,由于冰压力和水静压的共同作用使新孔不断变大,而且同时还生成了新的微孔,所以相对动弹性模量损失为60%时的孔径分布比例整体都比相对动弹性模量损失为30%的高。

同样对于水灰比为0.4的样品,从图7.41中可知,随相对动弹性模量损失的增加,其单位质量总的结冰量也呈先减少后增加的趋势,即随冻融次数的增加,相对动弹性模量损失增加,水灰比为0.4的样品的微孔孔隙呈先减小后增加的趋势。图7.41所对应的孔径分布情况见图7.42。

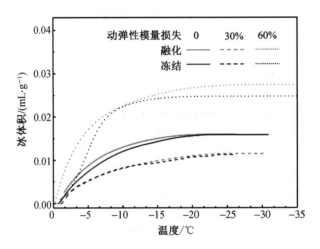

图7.41 水灰比为**0.4**的样品随动弹性模量损失的微孔孔溶液相变趋势

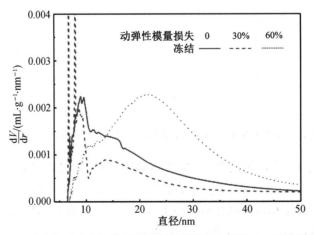

图7.42 水灰比为**0.4**的样品随动弹性模量损失的孔径分布变化情况

图 7.42 中的结果与水灰比为 0.5 的样品对应的图 7.40 的结果类似,也是随冻融次数的增加,相对动弹性模量损失增加,微孔孔径分布比例出现了复杂变化。在相对动弹性模量损失为 30% 时,微孔孔径分布比例相较于相对动弹性模量损失为 0% 时下降明显,主要集中在 10 nm 左右。其后在相对动弹性模量损失为 60% 时,微孔孔径分布比例比相对动弹性模量损失为 30% 时又有明显提高,直径超过 20 nm 的孔比例明显增加。这说明对于水灰比为 0.4 的样品,在超低温冻融循环初期,冰压力和水的静压作用不足以使材料生成新的微孔,只能使既有孔尺寸变大;而在超低温冻融循环中后期,冰压力和水的静压作用已能使材料生成新的微孔,同时使既有孔尺寸变大。

由此可认为,对于水灰比大的样品,随冻融次数的增加,相对动弹性模量损失增加,微孔孔径分布比例总体随之增大。这可能是由于在超低温冻融循环中,不仅尺寸小的孔由于冰压力和水的静压作用变为尺寸较大的孔,而且同时还生成了新的微孔。而对于水灰比较小的样品,随冻融次数的增加,相对动弹性模量损失增加,微孔孔径分布比例出现了复杂变化。这可能是由于在超低温冻融循环初期,冰压力和水的静压作用不足以使材料生成新的微孔,只能使既有孔尺寸变大;而在超低温冻融循环中后期,冰压力和水的静压作用已能使材料生成新的微孔,同时使既有孔尺寸变大。

参考文献

[1] BRUN M, LALLEMAND A, QUINSON J F, et al. A new method for the simultaneous determination of the size and shape of pores: the thermoporometry[J]. Thermochimica Acta, 1977, 21(1): 59-88.

[2] SUN Z, SCHERER G W. Pore size and shape in mortar by thermoporometry[J]. Cement and Concrete Research, 2010, 40(5): 740-751.

[3] SUN Z, SCHERER GW. Effect of air voids on salt scaling and internal freezing[J]. Cement and Concrete Research, 2010, 40(2): 260-270.

[4] WU M, JOHANNESSON B, GEIKER M. Determination of ice content in hardened concrete by low-temperature calorimetry[J]. Journal of Thermal Analysis and Calorimetry, 2014, 115(2): 1335-1351.

[5] RASMUSSEN D H, MACKENZIE A P. Clustering in supercooled water[J]. The Journal of Chemical Physics, 1973, 59(9): 5003-5013.

[6] SKAPSKI A, BILLUPS R, ROONEY A. Capillary cone method for determination of surface tension of solids[J]. The Journal of chemical physics, 1957, 26(5): 1350-1351.

[7] KETCHAM W M, HOBBS P V. An experimental determination of the surface energies of ice[J]. Philosophical Magazine, 1969, 19(162): 1161-1173.

[8] QUINSON J F, ASTIER M, BRUN M. Determination of surface areas by thermoporometry[J]. Applied catalysis, 1987, 30(1): 123-130.

[9] WU M, JOHANNESSON B. Impact of sample saturation on the detected porosity of hardened concrete using low temperature calorimetry[J]. Thermochimica Acta, 2014, 580: 66-78.

[10] 王培铭,许乾慰.材料研究方法[M].北京:科学出版社,2005.

[11] 刘振海.热分析导论[M].北京:化学工业出版社,1991.

[12] HANSEN E W, STÖCKER M, SCHMIDT R. Low-temperature phase transition of water confined in mesopores probed by NMR. Influence on pore size distribution[J]. The Journal of Physical Chemistry, 1996, 100(6): 2195-2200.

[13] TOMBARI E, JOHARI G P. On the state of water in 2.4 nm cylindrical pores of MCM from dynamic and normal specific heat studies[J]. The Journal of chemical physics, 2013, 139 (6): 064507.

[14] 高原,周素红,邹涛,等.压汞法常见问题分析[J].中国粉体技术,2008(14): 193-194.

[15] 申丽红,巨文军.两种测定氧化铝载体孔结构方法的误差分析[J].化学推进剂与高分子材料,2010 (3): 64-66.

[16] GALLÉ C. Reply to the discussion of the paper "Effect of drying on cement-based materials pore structure as identified by mercury intrusion porosimetry: a comparative study between oven-, vacuum- and freeze-drying" by Diamond S [J]. Cement and Concrete Research, 2003, 33(1): 171-172.

[17] WILD S. A discussion of the paper "Mercury porosimetry-an inappropriate method for the measurement of pore size distributions in cement-based materials" by Diamond S[J]. Cement and concrete research, 2001, 31(11): 1653-1654.

[18] HEARN N, HOOTON R D. Sample mass and dimension effects on mercury intrusion porosimetry results[J]. Cement and Concrete Research, 1992, 22(5): 970-980.

[19] 喻乐华,段庆普.珍珠岩掺合料水泥浆体的微孔结构[J].硅酸盐学报,2006,34(4): 897.

[20] 刘数华,阎培渝.石灰石粉对水泥浆体填充效应和砂浆孔结构的影响[J].硅酸盐学报,2008,36 (1): 72.

[21] Ramachandran V S, Feldman R F, Beaudoin J J.混凝土科学:有关近代研究的专论[M].北京:中国建筑工业出版社,1986.

[22] 何俊辉.道路水泥混凝土微观结构与性能研究[D].西安:长安大学,2009.

[23] 段纪成,赵霄龙.高性能混凝土冻融耐久性与孔结构变化的关系[J].湖北工学院学报,2004,19(2): 14-17.

[24] 张连水.冻融环境下混凝土内外损伤特性研究[D].青岛:青岛理工大学,2010.

第8章 超低温下水泥基材料力学性能增强与冻融破坏机理

本书前述研究表明,超低温下水泥基材料力学性能明显增强,但对于力学性能增强机理的研究和讨论非常有限。一般认为,孔隙水随温度的降低逐步结冰是水泥基材料强度随温度的降低而增加的主要原因,但不同温度下孔隙冰的含量、冰的强度对水泥基材料超低温强度的影响鲜有研究,也未能提出能够较为全面解释超低温下水泥基材料力学性能增强的机理。

超低温下水泥基材料冻融破坏较普通冻融破坏更为迅速、严重,目前大多数研究者仍然沿用普通冻融破坏机理来解释超低温冻融破坏过程及其机理,但超低温冻融与普通冻融有很大不同,其温度跨度范围更大,孔隙水结冰量更大,结晶压更大,且由各组成相的热膨胀系数差异引起的温度应力也不可忽视。超低温冻融破坏机理需要考虑的因素比普通冻融破坏更多,完全沿用普通冻融破坏模型并不合适。

本章在前述研究内容的基础上,做了进一步的推演、总结,提出了超低温下水泥基材料力学性能增强机理和冻融破坏过程与机理,对力学性能增强机理的主要作用温度范围进行了归纳,对水泥基材料超低温冻融破坏过程进行了描述,并指出了超低温冻融破坏与普通冻融破坏的差异。

8.1 超低温下水泥基材料孔隙水相变理论

超低温下混凝土的性能与常温下有很大区别,其根本原因在于混凝土内部孔隙水相变结冰。纯物质的固、液、气三相转变温度与其界面曲率高度相关。在多孔材料中,孔隙水的冰水界面曲率取决于其所在孔的孔径。由三相平衡点处的吉布斯状态方程、拉普拉斯方程及各相化学势相等的数学关系,可以推导出三相转变温度与两个界面曲率之间的关系方程。对于饱水多孔材料,不考虑气相存在时,该方程可以简化为

$$\Delta S_f dT + v_l d\left(\gamma_{ls} \frac{dA_{sl}}{dV_l}\right) = 0 \tag{8.1}$$

式中,ΔS_f 为单位质量水在温度 T 时的固化熵;v_l 为水的单位质量体积;γ_{ls} 为冰水界面表面张力;$\frac{dA_{sl}}{dV_l}$ 为孔隙中冰水界面曲率。

8.1.1　孔隙水结晶生长理论

孔隙水结晶成核及冰晶生长理论主要有成核结晶理论、蒸发凝聚结晶理论和冰晶渗透生长理论。

1. 成核结晶理论

成核结晶分为同相成核和异相成核。在均匀单一母相中,晶胚自发形成,但只有晶胚尺寸大于临界尺寸,晶体才能继续生长。冰晶的临界尺寸随温度的降低而减小。在多孔材料中,冰晶的晶胚受到孔隙大小的限制,其尺寸并不一定能大于临界尺寸。对于这部分细小孔隙,只有当温度持续降低,其临界尺寸小于晶胚尺寸时,其内部孔隙水才会结冰。异相成核则主要是在与孔隙壁接触处形成晶胚。成核结晶均要求晶胚在生长过程中越过一个较大能量的势垒。在纯水中同相成核温度低至$-39℃$左右[1],而异相成核温度在$-30～-5℃$之间。通常观测到的成核结晶均为异相成核。

2. 蒸发凝聚结晶理论

蒸发凝聚结晶过程主要是液相蒸发为气相,随后在固相表面凝聚结晶[2-5]。这一结晶过程主要发生在温度梯度较大的情况下。在气、液、固三相平衡的状态下,发生蒸发凝聚结晶的可能性不大。对于完全饱水的多孔材料,由于气相并不存在,发生这一结晶过程的可能性也不大。

3. 冰晶渗透生长理论

由于孔隙水在冰的表面继续结晶所需的能量小于成核结晶所需的能量,所以冰晶生长理论认为,多孔材料外部水先结冰,其后冰沿着孔隙逐渐向小孔中渗透生长。但该理论无法解释不饱和多孔材料中仅细小孔隙结冰的现象,也不适用于含有墨水瓶孔形的孔结构体系。

水泥基材料是一种具有复杂孔隙结构的多孔材料。一是孔径分布范围广泛,有$1～5$ nm孔径的凝胶孔、$10～1\,000$ nm 的毛细孔、$1～50$ mm 的引气孔以及$1～5$ mm 的气泡;二是孔形结构不一,引气剂引入的气孔多为球形孔隙,成型时带入的气泡孔较为接近球形,而毛细孔、凝胶孔则更接近圆柱形,在水泥基材料孔隙计算过程中,通常以圆柱孔形进行计算;三是孔结构连通性复杂,既有封闭孔,也有开孔,还有墨水瓶结构孔。水泥基材料复杂的孔隙结构给其孔隙水结冰的研究带来了较大的困难。

对于完全饱水的水泥基材料,其孔隙水结冰过程由成核结晶和冰晶渗透生长两种方式共同作用[6]。Sun 和 Scherer[7, 8]认为,孔隙水并不会达到很高的过冷度,孔隙水结冰以冰晶渗透生长为主,只有在非常细小的纳米孔隙中,才会发生成核结晶。对于不完全饱水的水泥基材料,以上三种理论过程在其孔隙水结冰过程中均有可能发生。

8.1.2　冰点与孔径

对于饱水多孔材料,不考虑气相存在时,有式(8.1)。假设冰水界面为球帽形,则界面曲率为

$$\frac{\mathrm{d}A_{sl}}{\mathrm{d}V_1} = -\frac{2}{r} \tag{8.2}$$

代入式(8.1)中得

$$\frac{1}{r} = \frac{1}{2\gamma_{ls}} \int_{T_0}^{T} \frac{\Delta S_f}{v_1} \mathrm{d}T \tag{8.3}$$

Brun 等[6]将式(8.3)简化,得到孔隙水相变温度与孔径的关系[式(8.4)],并在此式的基础上提出了采用 DSC 表征多孔材料微孔结构的热孔计法。

$$R_P(\mathrm{nm}) = -\frac{64.67}{\Delta T} - 0.23 \quad (结冰,0℃ > \Delta T > -40℃) \tag{8.4}$$

实际情况下,孔隙壁与冰之间存在一层几个分子厚的不可冻水膜,Brun 等[6]对比了几种多孔材料由不同孔结构测试方法得到的结果,推导出多孔玻璃中的水膜厚度为 0.8 nm。考虑不可冻水膜后,式(8.4)变为

$$R_P(\mathrm{nm}) = -\frac{64.67}{\Delta T} - 0.57 \quad (结冰,0℃ > \Delta T > -40℃) \tag{8.5}$$

由式(8.5)可知,孔径越小,其孔隙水相变温度越低。在半径 20 nm 的孔中,水相变为 -3.33℃;在半径 10 nm 的孔中,水相变温度为 -6.86℃;-40℃时,半径 2.1 nm 孔中的水开始结冰。

以上计算中孔隙水均假设为纯水,实际上,水泥基材料孔隙水是以 $Ca(OH)_2$ 为主的溶液,其相变温度比纯水更低。

8.1.3 不可结冰水膜

孔隙水结冰时,与孔壁接触的一层水分子层将不受相变的影响,冰与孔壁之间存在一层不可冻水膜,如图 8.1 所示。冰与孔壁之间存在较大斥力,冰水界面能与水孔壁界面能之和小于冰孔壁界面能,因此,在孔隙水结冰时,冰与孔壁之间会吸入一层水膜以降低系统能量。冰与孔壁间的斥力主要来自于范德华力、水膜中的氢键和静电斥力,范德华力约占总斥力的 25%。George[8] 的计算结果表明,仅冰与孔壁间的范德华力即可维持一层 4 nm 厚的水膜。

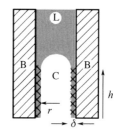

图 8.1 不可结冰水膜示意图[2]

Sun 等[7]认为,当温度达到 -40℃后再继续降低时,孔隙水将很难结冰,并建议水泥基材料中不可冻水膜厚度取 1.0～1.2 nm。Ishikiriyama 等[9, 10]认为,结冰过程中不可冻水膜厚度为 0.6～2.8 nm。

然而,此前 Tognon[11]的试验结果显示,直到 -70℃仍然会有孔隙水结冰。Hansen 等[12]利用核磁共振研究分子筛等多孔材料中孔隙水的低温相变时发现,孔隙水相变存在一个"高温转变"和一个"低温转变"。高温转变是指相变温度高于 -51℃,其相变温度与

孔径有关。"低温转变"是指相变温度低于−74℃，其相变温度与孔径无关，且低温相变的水占试验中测得孔隙水体积的65％以上。低温相变的水是"困"在基体和冰体间的界面水，其厚度为5.4 Å±1.0 Å。Hansen等[12]的试验结果表明，只要温度够低，曾经认为的"不可冻水"仍然会结冰，不可结冰水膜的厚度与温度有关。

Marshall[13]推断，0～−20℃范围内混凝土中孔隙水先在连续、粗糙的毛细孔中结冰，这一阶段不出现明显膨胀；随后水分由凝胶孔向毛细孔迁移，毛细孔水继续结冰直到−70℃，这一阶段出现明显膨胀；凝胶孔水结冰峰在−90℃，可能持续到−120℃。Marshall认为，混凝土孔隙水结冰过程太过复杂，太简单的模型可能出现错误导向。除非物理学上出现重大突破，完全探明、理解孔隙水结冰这一过程，否则当下讨论孔隙水结冰与强度的关系言之过早。

假设水分子为球形，其直径取值约为0.386 nm。若不可结冰水膜厚度取0.8～1.2 nm，则不可结冰水膜为2～3个水分子层厚。

8.1.4　最小可结冰孔径

理论上，单个冰晶晶胞包含至少3个水分子层[14]。不可结冰水膜取最小值1个水分子层，则最小可结冰孔直径为5个水分子层大小，约1.9 nm。

Oguni等[15]测试时发现，在直径为1.2 nm和1.6 nm的分子筛中均无冰形成，在1.8 nm的分子筛中有5％的冰形成。文献[16]～[18]研究表明，孔直径大于2.1～2.8 nm时，其孔隙水才有可能部分结冰。

然而，Johari[18]认为，1.8 nm孔直径太小而无法形成一般的冰晶体（立方晶型或六方晶型），其纳米核芯（nanocore）更可能是无序的、有晶格缺陷的冰。

8.1.5　纳米孔隙水

物质在纳米尺度上的物理化学性能有显著变化，纳米孔隙水亦是如此。目前，关于纳米孔隙水的物理化学特性的研究一直是相关研究领域的热点问题，但仍未形成较为一致的观点。Johari[18]总结了前人的工作成果，指出：①水分子的能量与其在纳米孔隙中的位置有关。②纳米孔隙水的结冰/融化特点与孔隙中含水率有关；纳米孔隙水的比热容随着孔隙含水率的升高而减小；焓随着孔隙含水率的升高而提高。孔隙含水率越高，其比热容、焓越趋近于体相水。③升降温速率以及测试方法对试验结果有一定影响。

Tombari等[19]测量了直径为4 nm的Vycor玻璃孔隙水的比热容，其结果表明，在纳米孔隙中，水的比热容增大，含水率较低的样品，其增加值大于含水率高的样品。比热容增大的主要原因是纳米孔隙水的密度比体相水大。此外，相比体相水，纳米孔隙水焓降低，冰融化热减小，纳米孔隙水的氢键结构与体相水不同。纳米孔隙冰融化温度范围较广（大于15 K，在6 K/h的加热速率下），这一点也与体相冰固定融点有较大差异。其研究结果还表明，当孔隙未充分饱水时，孔隙水倾向于集中分布于部分孔中，而不是平均分布在孔结构体系中。

8.1.6　超低温下冰的晶体结构

低温下孔隙水结冰,水泥基材料可以看作冰与水泥基材料组成的复合材料。冰的性能对水泥基材料性能有重大影响。但在一般低温条件下,目前的混凝土孔隙水结冰、冻融破坏机理中,冰的诸多物理力学性能也未能充分考虑[20]。在超低温环境下,冰对材料整体性能的影响更为显著,要求对冰的各项物理力学性能有更为透彻的理解。此外,超低温温度跨度范围较大,冰的晶体结构、力学性能随温度的降低也有明显变化。

1. 不同温度体相冰的晶体结构

对于体相冰,不同温度下其晶体结构不同,见表 8.1。

表 8.1　　　　　　　　　　　　　不同温度下体相水结冰晶体结构[21]

温度范围	冰晶体结构形式
0～−3℃	薄的片状六边形结构
−3～5℃	针状结构
−5～−8℃	中空的柱状结构
−8～−12℃	六边形平板结构
−12～−16℃	树状结构
−16～−25℃	平板状结构
−25～−50℃	中空的柱状结构

2. 不同温度孔隙冰的晶体结构

按孔隙水是否可以结冰,一般可以将孔隙水分为自由水和不可结冰水。有研究认为,孔隙自由水结冰会生成立方体结构冰晶体 I_c,而不是常见的稳态六方体冰晶体 I_h,其主要原因可能是孔隙表面和水之间范德华力的作用。也有研究发现,孔隙冰中 I_c 和 I_h 两种晶型同时存在,随着温度降低,I_h 冰晶型的量快速增加。此外还有学者认为,晶型结构与孔隙水结冰方式有关,对于成核结晶,立方体结构比六方体结构更加稳定。

Morishine 等[22]测量了单个纳米圆柱孔(孔直径 2.9～3.7 nm)孔隙水结冰过程,其结果表明,圆柱纳米孔隙水结冰形成六方晶型的孔隙冰。Schulson 等[23]发现,在水泥基材料中,孔隙水主要形成六方晶型 I_h 结构的冰。Marshall[13]认为,六方晶型 I_h 为常见晶型,四方晶型 I_c 并不是通过 I_h 降温获得,而是由水蒸气在 −80℃下凝聚获得。加热过程中,I_c 不可逆地转变为 I_h。晶型转变没有突然的体积变化,两者的密度相近,转变温度在 −63～−113℃之间。

8.1.7　超低温下冰的力学性能

超低温下冰的力学性能对混凝土的性能有重大影响,了解超低温下冰的力学性能是研究混凝土性能的基础。

1. 冰的抗压、抗拉强度

超低温下冰的抗压强度随温度的降低而逐渐增加[13, 16, 24]。Wu 和 Prakash[24]测试了 3 mm 厚片状冰的强度,发现从－15℃到－125℃,冰的最大抗压强度随温度降低不断增加,从 32 MPa 增长到 112 MPa,随后强度基本保持稳定在 112~120 MPa 之间。

Petrovic[25]总结了冰在 0～－40℃之间的强度随温度的变化规律:冰的抗压强度随温度的降低而降低;相对于抗压强度,冰的抗拉强度对温度不敏感。

低温下,冰粒的抗拉强度随粒径的减小而增大。Currier 和 Schulson[26]在－10℃下测试了冰粒的抗拉强度,其结果表明,冰的抗拉强度随冰粒径的减小而增大,两者之间有良好的 hall-petch 关系。

2. 冰的黏结强度

冰的黏结强度主要与黏附材料和冰的界面性能有关[27]。Bascom 等[27]测试了冰在疏水材料和亲水材料表面的黏结强度,其研究结果表明,在亲水材料的表面,黏结强度较高。而大多数硅酸盐为亲水材料,其黏结强度与剪切强度相差不大。当温度从－3℃下降至－13℃时,冰的黏结强度随温度的下降而增大至冰的剪切强度(约 1.6 MPa)。Jellinek[28]通过试验发现,冰在拉应力作用下的黏结强度显著大于剪应力作用下的黏结强度,并认为这是因为位于界面处的冰具有类似液体的性质——在剪应力作用下容易破坏,而抗拉能力显著强于抗剪能力。

Raraty 和 Tabor[29]研究了冰在不同固体界面的黏结强度,其研究结果表明,不同界面,其黏结强度不同。当水在润湿的金属表面结冰时,界面力要大于冰的内聚力。当施加压力时,破坏主要发生在冰内部,其破坏形式主要与试验装置中冰的受力状态有关,当拉应力较小时,表现为塑性破坏,其断裂强度随温度的降低成比例上升(0～－30℃);当拉应力较剪应力大时,表现为脆性断裂,断裂强度与温度无关。冰在聚合物表面的黏结强度与金属表面完全不同,界面力小于冰的内聚力,破坏发生在界面,且界面力与温度无关。冰-聚合物黏结强度随着水与聚合物表面接触的增大而快速下降。此外,水中少量盐的存在会降低冰的强度以及黏结强度。

Ford 和 Nichols[30]研究了疏水聚合物表面热膨胀系数对冰黏结强度的影响,其研究结果表明,由于冰与基体间热膨胀系数差别较大,－20℃下冰的黏结强度低于－10℃下冰的黏结强度。

Work 和 Lian[31]总结比较了多篇文献中对冰的黏结强度的测试方法和数据,其结果表明,冰的黏结强度随温度的升高而增大(0～－30℃);温度相同时,黏结强度随表面粗糙度的增加而增大。

3. 冰的热膨胀系数

－10℃左右时冰的热膨胀系数为 $50 \times 10^{-6} ℃^{-1}$。Powell[32]总结了多个学者的试验结果,认为在 0～－200℃之间,冰的线膨胀系数与温度呈线性关系,－180℃时,冰的线膨胀系数降至 $10 \times 10^{-6} ℃^{-1}$,此时的热膨胀系数与混凝土相近。

Marshall[13]认为,体相冰的热膨胀系数呈线性变化,但单个冰晶体的热膨胀线性系数表现为各向异性。

4. 冰的比热容

水结冰后,冰的比热容是水的一半,且随温度的降低持续减小,其比热容随温度的变化如图 1.9 所示。

8.2　超低温下水泥基材料泵吸效应

水泥基材料的低温泵吸效应是指在低温状态下,水泥基材料内部孔隙中形成的微冰晶具有低温泵(cryo-pump)的作用,使得孔隙内部环境形成过饱和条件。这种低温泵吸效应正是 Setzer 提出的微冰晶(micro-ice-len)理论[36-38]所描述的现象。微冰晶理论基于液态水、气态水和固态冰之间的三相平衡极限条件推导而来,描述了在低温条件下,水泥基材料内部孔隙微冰晶体对热、质(水)的传输作用。

8.2.1　冻融条件下的泵吸现象

超低温冻融试验结果表明,混凝土的含水率随着冻融次数的增加而上升,混凝土的饱水度不断增大。这一现象反映了在超低温冻融下,混凝土与外界环境之间存在水气传输交换。同时,混凝土冻融耐久性试验的经验表明,在观察到损伤之前需要进行多次冻融循环,循环次数可达数百次之多(例如,ASTM C 666 项目 A 要求进行 300 次循环试验)。传统观点认为,大量的冻融循环是由于疲劳断裂机制造成的,导致冻害的应力可能是由多种机制产生的,例如,由冰的形成引起的体积增大所产生的水压[33],由过冷引起的应力[32],相间界面的压力[34],甚至不同大小的冰晶之间的应力。虽然这些应力发展的解释有很高的价值,但它们不足以解释产生冻害所必需的高循环次数。

基于此,Setzer[35-37]提出了微冰晶理论。该理论认为,水泥基材料不可能处于完全饱水状态,孔隙中始终存在液态水、水蒸气和冰三相,由三相平衡条件可推导出孔隙水迁移路径。孔隙中形成的微冰晶体类似于低温泵的作用,使孔隙内部环境达到过饱和条件。冰晶体理论主要着眼于微冰晶体对热和水的传输作用。在降温过程中,由于热力学作用,孔隙水比冰的化学势更高,因此,邻近孔隙水或凝胶水有向结冰点迁移的趋势;而在升温过程中,水从被冰占据的大毛细孔中往小毛细孔和凝胶孔中迁移,这种迁移可以通过蒸发—凝聚过程,也可以通过冰的直接融化迁移。若此时试件外部存在水,则水将往内部迁移,导致孔隙内部饱水度随着冻融循环次数的增加而增加[35, 36]。

8.2.2　非稳态热力学基础

微冰晶模型是在多孔介质三点漂移和非稳态热力学的基础上建立的。Setzer[36]基于 De Donder 理论,采用非稳态热力学方法进行阐述。

根据 De Donder 关于热力学第二定律的概念和对不可逆反应的讨论[38],对于化学反应过程,可用下式表示:

$$v_1 R_1 + v_2 R_2 + \cdots + v_i R_i \rightarrow v_{i+1} P_{v+1} + \cdots + v_c P_c \tag{8.6}$$

式中，R_1，…，R_i 为反应物；P_{i+1}，…，P_c 为产物。v_1，…，v_c 是相应组分的摩尔化学计量系数。反应物相应组分的化学计量系数为负，而产物相应组分的化学计量系数为正。根据质量守恒定律，化学计量方程结果与各组分 M_i 的摩尔质量存在如下关系：

$$\sum v_i M_i = 0 \tag{8.7}$$

De Donder 引入变量 ξ，表示"反应程度"或"反应坐标"，它描述了任意数量的反应过程：

$$d\xi = \frac{dm_1}{v_1 M_1} = \frac{dm_2}{v_2 M_2} = \cdots = \frac{dm_c}{v_c M_c} = \frac{dn_1}{v_1} = \frac{dn_2}{v_2} \cdots = \frac{dn_c}{v_c} \tag{8.8}$$

式中，m 为组分的质量；n 为摩尔数。

根据热力学第二定律，不可逆过程的熵内积 dS_i 及其等效热 dQ' 可表示为

$$dQ' = T dS_i = A d\xi \geqslant 0 \tag{8.9}$$

$$\frac{dQ'}{dt} = AV \geqslant 0 ; \; : V := \frac{d\xi}{dt} \tag{8.10}$$

式中，A 是 De Donder 定义的亲和能；V 是反应速度。

亲和能与化学势存在如下相关性{参考文献[39]中的式(6.22)}：

$$A = -\sum v_i \mu_i \tag{8.11}$$

达到平衡状态时：

$$\sum v_i \mu_i = 0 \tag{8.12}$$

8.2.3 冻融过程中的亲和能

在结冰（或融化）的情况下，情况简化为

$$H_2O(L) \rightarrow H_2O(S) ; \; v_L = -1 ; \; v_S = +1 \tag{8.13}$$

$$A = -[\mu_S(T, p_S) - \mu_L(T, p_L)] \tag{8.14}$$

式中，"L"表示液相，"S"表示固相（冰）。

对亲和能，有：

$$A = \mu_{L, eq}(T_0, p_0) - \mu_{S, eq}(T_0, p_0) - \int_{T_0}^{T} (s_L - s_S) dT + \int_{\rho_0}^{\rho_L} v_L d\rho - \int_{\rho_0}^{\rho_S} v_S d\rho \tag{8.15}$$

式中，s 是摩尔熵；v 是摩尔体积；下标 0 表示体相转变；"eq"表示平衡态。在体积平衡时：

$$\mu_{L, eq}(T_0, p_0) = \mu_{S, eq}(T_0, p_0) \tag{8.16}$$

温度由热传递来平衡，压力由质量传递来平衡，因此可以认为，当温度变化非常缓慢

时,等温条件可以在一个小体积内局部达到[该体积应足够大,内部含有足够数量的水化硅酸钙凝胶(以下简称凝胶)和大孔,还有未冻结的液体和孔隙冰]。虽然大量的融化热被消耗掉了,但普通材料的导热系数足够高,波长为 0.1 mm 的傅里叶波的典型时间常数为 0.01 s,考虑到融化热,时间小于 1 s。在实际应用中,温度变化非常缓慢(通常为几个小时),这足以实现必要的传热。即使对于传质过程,在亚毫米范围内的热力学平衡也是一个合理的近似。此外,温度变化开始后的短暂瞬态效应也可忽略不计。如果考虑到实际情况,这些均可作近似处理,宏观上可以简单地区分冷却和升温过程。

因此,式(8.15)中的固有假设 $T=T_L=T_S$ 是正确的。亲和能仅取决于温度 T 以及 p_L 和 p_S 中的压力。在此基础上,式(8.15)可表示为

$$A = \Delta\mu_T + \Delta\mu_P \tag{8.17}$$

根据对熵(温度指数 T)和压力(指数 p)的定义:

$$\Delta\mu_T = -\int_{T_0}^{T} (s_L - s_S)\mathrm{d}T \tag{8.18}$$

$$\Delta\mu_P = \int_{\rho_0}^{\rho_L} v_L \mathrm{d}\rho - \int_{\rho_0}^{\rho_S} v_S \mathrm{d}\rho \tag{8.19}$$

在多孔体系中,由于压力差可以通过基体和相间的弯曲界面(即 $p_L \neq p_S$)来稳定,并且化学势不等于体势。与块状体系相比,如果基体能够产生并且承受压力差,则凝胶孔隙中未冻结水的化学势可能低于冰的化学势。在上述条件下,亲和能变为

$$A = \Delta\mu_p + \Delta\mu_{P,\,eq}(\theta) \tag{8.20}$$

当体系中冰刚形成时,即非均相成核已经发生后,开始出现三相条件。在此之前,仅对热传输进行常规处理,而对长度变化不作讨论。采用文献[39]中的处理方法,此时熵为

$$\Delta\mu_{T,\,eq} = \Delta s_{SL0}(T_0 - T) + \int_{T_0}^{T}\int_{T_0}^{\hat{T}} \left(\frac{C_S - C_L}{\widetilde{T}} - \alpha_L \Delta s_{SL0}\right)\mathrm{d}\widetilde{T}\mathrm{d}\hat{T} \tag{8.21}$$

式中,$\Delta s_{SL0} = s_{S0} - s_{L0}$,表示熵的变化;$\alpha_L$ 为热膨胀系数;C_S 和 C_L 为摩尔热容。含有热膨胀系数的那一项是一个很小的修正项。它考虑了压缩热,只对在给定温度下的平衡压力有效。假设在亚毫米尺度上具有足够快的传质过程,则式(8.22)所示的近似是可接受的:

$$\Delta\mu_{T,\,eq} \approx \Delta\mu_T \tag{8.22}$$

根据文献[36],有:

$$\Delta\mu_{T,\,eq} = -22.005\theta(1 + 3.25 \times 10^{-3}\theta - 1.6 \times 10^{-5}\theta^2) > 0 \text{ J/mol} \tag{8.23}$$

$$\theta = T - T_0 < 0 \tag{8.24}$$

可忽略液态水和冰的压缩性来计算压力项:

$$\Delta\mu_p = v_L(p_L - p_0) - v_S(p_S - p_0) \tag{8.25}$$

如果初始形成的冰体不是宏观的,那么 $p_{\mathrm{S}} > p_0$。然而,第二项与第一项相比仍然很小,特别是当温度明显低于相变点时。为了简化这种情况,假设系统是充分饱和的,这意味着在冷却过程中形成了准宏观冰(尺寸 $>0.1~\mu\mathrm{m}$)。如前所述,冻融循环是一种人工饱和,多孔体系的饱和度将高于等温毛细管吸力引起的饱和度。因此,这一假设是可以接受的,符合实际情况。这并非过于简化,因为无论如何,这种情况会在冻融循环之后出现。当 $p_{\mathrm{S}} \approx p_0$ 时,只有第一项是相关的,于是有:

$$\Delta\mu_{\mathrm{p}} = v_{\mathrm{L}}(p_{\mathrm{L}} - p_{\mathrm{S}}) \tag{8.26}$$

当达到以下条件时,亲和能为零,体系处于平衡状态:

$$\Delta\mu_{\mathrm{p,\,eq}} = -\Delta\mu_{\mathrm{T,\,eq}} \tag{8.27}$$

$$\Delta p_{\mathrm{TS,\,eq}} := (p_{\mathrm{L,\,eq}} - p_{\mathrm{S,\,eq}}) = \frac{\Delta S_{\mathrm{SL0}}}{v_{\mathrm{L}}}(T - T_0) + \frac{1}{v_{\mathrm{L}}}\int_{T_0}^{T}\int_{T_0}^{\hat{T}}\left(\frac{C_{\mathrm{S}} - C_{\mathrm{L}}}{\widetilde{T}} - \alpha_{\mathrm{L}}\Delta S_{\mathrm{SL0}}\right)\mathrm{d}\widetilde{T}\mathrm{d}\hat{T} \tag{8.28}$$

$$\Delta p_{\mathrm{TS,\,eq}} = 1.225\theta(1 + 3.25 \times 10^{-3}\theta - 1.6 \times 10^{-5}\theta^2) < 0~\mathrm{MPa} \tag{8.29}$$

由于 $\mu < 0$,显然:

$$\Delta p_{\mathrm{LS,\,eq}}(\theta - \Delta\theta) < \Delta p_{\mathrm{LS,\,eq}}(\theta) < 0,\ \Delta\theta > 0 \tag{8.30}$$

$$\Delta\mu_{\mathrm{p,\,eq}}(\theta - \Delta\theta) < \Delta\mu_{\mathrm{p,\,eq}}(\theta) < 0 \tag{8.31}$$

根据以上假设,应讨论冻结和融化过程中多孔体系中的亲和能。

1. 多孔体系冻结过程中的亲和能

温度在冰点之上时,认为多孔体系处于充满水的状态。当第一块冰体通过非均质成核形成时,三相条件立即达到[图 8.2(a)]。融化热将使温度升高,热传递先于质量传递,因此,在此条件下可以假定局部热平衡。

化学势中的压强项为

$$\Delta\mu_{\mathrm{p}} > \Delta\mu_{\mathrm{p,\,eq}} = -\Delta\mu_{\mathrm{T,\,eq}} \tag{8.32}$$

$$A = \Delta\mu_{\mathrm{p}} - \Delta\mu_{\mathrm{p,\,eq}}(\theta) > 0 \tag{8.33}$$

根据式(8.10),亲和能 A 和反应速度 V 均为正,从水到冰发生相变和传输。

与块状体系相比,在多孔体系中这并不意味着水的完全冻结,因为冰点(冰的侵入)随着孔隙半径的减小而降低。当达到该点时,未冻水与冰之间、未冻水与水蒸气之间的曲率增大(半径减小),未冻孔隙水与冰之间的压力差增大,直至化学势平衡(参见文献[39])。

由于孔隙水中产生了很高的负压,基体由此受到压缩,体积缩小。为了平衡基体缩小的体积,必须将水输送到冰中,于是较大孔隙的饱和度将增加,而较小凝胶孔隙饱和度降低。这一过程可与众所周知的干燥收缩进行比较,但有一个本质的区别:干燥收缩发生在外表面,水的传输距离为厘米级。微冰晶的收缩距离相当短,只有几微米,其压力梯度和孔隙水的传输速度都要比干燥收缩高几个数量级。事实上,试验表明它几乎是"瞬时的"。

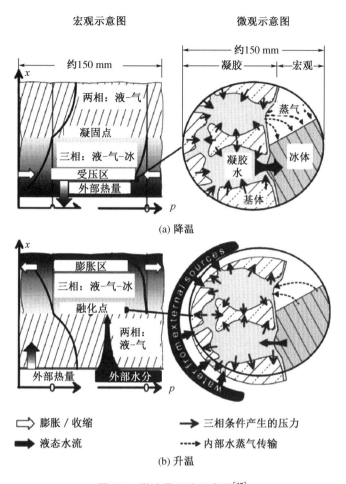

图 8.2　微冰晶理论示意图[37]

需要注意的是,随着温度的降低,受冰侵入孔内或孔内非均质成核的影响,孔隙水的冰点可降至同一孔内冰的融点以下(参见文献[40])。未冻结的孔隙水处于亚稳态,孔隙冰为稳定相。孔隙冰对基体的压力比孔隙水的压力小。它的平衡化学势介于未冻结的孔隙水和大块冰之间。然而,由于冰侵入和非均质成核问题,孔隙水的冻结受到抑制。

2. 多孔体系融化过程中的亲和能

对于融化过程,分析初始温度低于冰体融点(例如,在−20℃)的系统,没有明显的凝胶冰[图 8.2(b)]。未冻结的凝胶水与较大孔隙中的冰处于平衡状态,即处于高负压下,压力项等于平衡项,平衡项等于实际 θ 以下的温度 $\theta - \Delta\theta$:

$$\Delta\mu \approx \Delta\mu_{\text{p, eq}}(\theta - \Delta\theta) = \Delta\mu_{\text{T, eq}}(\theta - \Delta\theta) \tag{8.34}$$

因此,

$$\Delta\mu < \Delta\mu_{\text{p, eq}} = \Delta\mu_{\text{T, eq}}(\theta) \tag{8.35}$$

$$A = \Delta\mu_{\text{p}} - \Delta\mu_{\text{p, eq}}(\theta) < 0 \tag{8.36}$$

根据式(8.35),亲和度 A 和反应速度 V 都是负的,于是发生了从冰到水的转变和迁移。

在此情况下,微冰晶产生类似于水泵的效果,在冷却过程中持续从外部吸收水分,而在升降温过程中产生了压差,就像活塞一样对基体产生作用。具体地,在冷却过程中基体压缩,在升温过程中基体膨胀。在冷却过程中,这些微冰晶就像一个阀门,把水锁住,而在升温过程中又阻止水回流。该模型描述了冻融循环过程中的混凝土饱和度的变化,在实际过程和冻融试验中均可观测到。

8.2.4 微冰晶模型

冻融过程中的吸水效应主要是由冻融过程中孔隙水迁移引起:

(1)从渗透压模型来看,如图8.3所示,在降温过程中,大孔中的水先结冰,导致冰晶周围溶液浓度上升,与较远孔隙中的水形成渗透压差,水分由浓度低处向冰晶周围迁移,即较小孔隙中的水向已结冰的大孔迁移;融化过程中,冰融化后,水分的迁移与重新均衡分布需要较长时间,在大孔周边形成局部水分集中,若此时试样表面有水分,则靠近表面的细小孔隙在毛细作用下,不断从外部吸收水分。

(2)从微冰晶模型来看,孔隙水的化学势高于孔隙冰的化学势,邻近孔隙水或凝胶水向冰点迁移,若外部存在水或溶液,水将从外部向内部迁移。微冰晶理论中,Setzer[36]将这一现象称为低温泵吸效应。低温泵吸效应在降温过程中,表现为将水从凝胶孔、细小孔隙中泵向微冰晶附近;在升温过程中,水向相反方向迁移;在整个冻融循环过程中,表现为对外吸水。

微冰晶理论的泵吸作用形象地解释了冻融循环过程中材料的吸水、过饱和现象。超低温冻融循环降温过程中,孔隙水完全结冰,材料内部水分迁移、局部集中更为明显,升温过程中表面毛细吸水也更加显著,吸水量、过饱和程度更大,下一个冻融循环中产生的结晶压也更大,破坏更为显著。

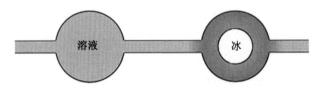

图8.3 渗透压模型中孔隙水迁移示意图

微冰晶模型可以从以下几个方面来描述:

(1)在冰点和融点下降之后,所有三个阶段的液体、蒸气和冰都在较大温度范围内共存。

(2)只有产生压力差,三相点的移动才是可能的。微孔内的负压由基体内的应力补偿。

(3)压力差只取决于温度,而融点和冰点的降低则取决于孔隙尺寸。

(4)在冷却过程中,非无限刚性基体受到压力的压缩,未冻结的水被黏性流体挤出并被困在微冰晶上,微冰晶具有准宏观的行为。凝胶中的饱和度降低,而大孔中的饱和度增加。在宏观尺度上,冰的形成阻碍了水的传输。

(5)在融化过程中,压力差减小。然而,在冷却过程中,从冰到未冻结水的黏性流动是不可能的。其他的传输机制要慢得多。

(6)在融化过程中,只有在冰体融解前沿附近才可能发生显著的水传输,融解前沿从外表面进入内部,并允许吸入外部水。

(7)在融化过程中,由于微冰晶体仍处于冻结状态,大孔的饱和度保持不变,如果有外部水,则微孔的饱和度增加,总饱和度增加。

(8)循环冻融侵害可看作是一种有效的泵。变化的温度和未冻结的水充当活塞,在冷却过程中压缩,在加热过程中膨胀。微冰晶可看作为阀门,在冻结过程中捕获水,在冰体融化过程中阻碍回流。

混凝土的冻害主要是由冰的膨胀和水压引起的,它只能在至少局部达到一定的饱和临界程度时才会发生。在普通混凝土结构中,即使经过长时间等温毛细吸力作用,也不能满足这一条件。在冻融循环中,水被吸入,该过程具有三个条件:①硬化水泥浆体基体不是无限刚性的。②由于表面的相互作用,凝胶孔隙中大量的水保持未冻结和三相点移动。③该水的负压为 $\Delta p = 1.22\,\mathrm{MPa}/(T-T_0)$。微冰晶模型描述了这一过程:在冷却过程中,凝胶基体收缩,水被挤出,在微冰晶处凝结;加热时,即使没有冰融化,含有未冻结水的凝胶基体也会膨胀,由于微冰晶仍然是冻结的,体积的变化只能通过吸收水来平衡。循环冻融试验主要是微泵提高饱和率的作用,如果这种效应达到了临界饱和度,则混凝土在几个循环内就会损坏。微冰晶泵所要注满水的量、输送能力或密度、孔隙的数量等取决于其孔径分布。

8.3　超低温下水泥基材料力学性能增强机理

硬化水泥基材料的工程性质取决于固相和孔的类型、数量及分布[40]。超低温降温过程中,水泥基材料孔隙水逐步结冰,材料结构组成发生变化,由原来的水泥浆体、骨料、孔隙三相组成变为水泥浆体、骨料、冰、孔隙四相组成,其中水泥浆体、骨料含量不变,冰与孔隙体积总和不变,冰在总体积中的含量取决于温度和材料含水率。因此,超低温下水泥基材料力学性能大幅提高的根本原因是孔隙水结冰。

冰在低温下具有较好的力学性能,取代水泥基材料中最薄弱的孔隙之后,使材料整体的力学性能得到明显改善,可称之为冰的填充效应。

8.3.1　冰的填充效应

固体材料的孔隙率与强度存在反比关系。文献[40]中将直径大于 50 nm 的毛细孔看作宏观孔,其对强度影响较大,而直径小于 50 nm 的毛细孔和凝胶孔对强度影响较小,主要影响收缩和徐变。吴中伟院士[41]根据孔隙对强度的影响,将孔隙分为孔径为 20 nm 以下的无害孔,孔径为 20~50 nm 的少害孔,孔径为 50~200 nm 的有害孔和孔径为 200~11 μm 的多害孔。低温及超低温下,水泥基材料孔隙水结冰,冰由较大毛细孔向细小孔隙中生长,直至所有孔隙水完成结冰。此时,水泥基材料大部分孔隙被冰填充,其力学性能得到较大改善。

1. 水泥砂浆孔结构

对于水灰比为 0.4 的砂浆试样,压汞法(MIP)和氮吸附法(NAD)测得的累计孔体积如图 8.4(a)所示。压汞法可以表征 10~100 μm 孔径范围内的孔结构,氮吸附法可以表征 2~180 nm 孔径范围内的孔结构。两种测试方法在 30~180 nm 孔径范围内的测试结果趋势较为一致;在 30 nm 以下的孔径范围内,氮吸附法测得孔体积略小,这主要是因为压汞法测试时对孔隙壁产生较大的汞压,导致孔隙破坏,产生新的微裂纹。图 8.4(b)为综合两种测孔方法的测试结果后的砂浆孔径分布图,其中 180 nm 以下的微孔数据采用氮吸附法的结果,180 nm 以上的微孔数据采用压汞法的测试结果。各孔径范围内,孔体积占比见表 8.2。

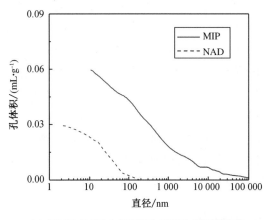
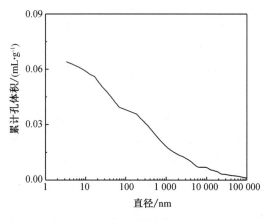

（a）压汞法(MIP)和氮吸附法(NAD)的测试结果　　　（b）综合累计孔体积

图 8.4　压汞法和氮吸附法测得砂浆的孔体积及累计孔体积

表 8.2　　　　　　　　　　普通砂浆不同孔径范围的孔体积占比

孔径范围/nm	2~20	20~50	50~200	>200
体积分数/%	17	18	12	53

由图 8.4(b)中的孔体积结果可以计算得到降温过程中,冰体积与温度的关系,如图 8.5 所示。从图中可以看出,−20℃时,92% 的孔隙水已经结冰,冰晶进入到 8.4 nm 孔径的孔隙之中。此时,对材料强度有害的孔隙均已被冰填充。

2. 水泥基材料强度与孔隙率的关系

固体脆性材料强度与孔隙率负相关[40, 41],对于均质材料,其强度可以表示为

$$\sigma_c = \sigma_0 e^{-kP} \qquad (8.37)$$

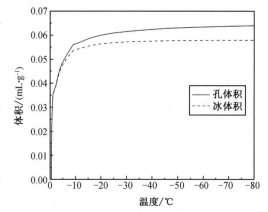

图 8.5　不同温度下砂浆中冰的体积

式中，σ_c 为孔隙率为 P 时的抗压强度；σ_0 为孔隙率为 0 时的本征强度；k 为常数。Jons 和 Osbaeck[42]通过试验验证了式(8.37)中水泥浆体孔隙率与强度的关系，其试验中 k 取值 -7.42，σ_0 取值 238 MPa。

Powers 在试验的基础上提出了强度-固空比模型[43, 44]，认为抗压强度与固空比存在指数关系：

$$\sigma_c = \sigma_0 x^3 \tag{8.38}$$

式中，σ_c 为抗压强度；σ_0 为砂浆本征强度，其试验取值为 234 MPa；x 为固空比，$x = 1 - P$，P 为孔隙率。

Hansen 等[12]利用物理模型推导出了孔隙率与强度的关系模型：

$$\sigma_c = \sigma_0 \times (1 - 1.21 \times P^{\frac{2}{3}}) \tag{8.39}$$

式中，σ_0 为孔隙率为 0 时的本征强度，其试验取值为 238 MPa。

在上述假设条件下，同样可以计算材料超低温抗压强度增长率为 142%。

3. 冰的填充效应分析

先假设冰在低温下的物理力学性能与砂浆相近，当超低温下饱水水泥基材料孔隙水完全结冰时，材料抗压强度增长率 I 可由下式计算：

$$I = \frac{\sigma_0}{\sigma_c} \tag{8.40}$$

将式(8.37)~式(8.39)分别代入式(8.40)中，可计算得到三种模型的抗压强度增长率分别为 247%，147%，140%。三种强度-孔隙率模型结果有一定差异，主要原因是材料强度除了与孔隙率有关外，还与孔径分布有关。

以上计算结果表明，当孔隙被全部填充时，水泥基材料抗压强度大幅增长，强度增长率为 142%~247%。3.3.1 节中试验测得的 OM 砂浆最高增长率为 220%(-140℃)，位于填充效应强度增长范围区间内。

但实际上，超低温下冰的性能与硬化水泥浆体有较大差别。冰的抗压强度与温度有较大关系，随温度的降低而不断提高。当温度低于 -50℃时，冰的抗压强度超过砂浆常温抗压强度。冰在超低温下的填充作用对强度的贡献可能优于上述计算过程中假设的水泥浆体。此外，用孔体积来推算结冰量时，未考虑孔隙连通性、孔隙溶液对冰点的影响。实际情况下，冰含量增长曲线较图 8.5 中的增长曲线更加缓慢。

8.3.2　超低温下冰的强度

超低温下冰的抗压强度随温度的降低而逐渐增加[13, 16, 24]。Wu 和 Prakash[24]测试了 3 mm 厚片状冰的强度，发现从 -15℃到 -125℃，冰的最大抗压强度随温度降低不断增加，从 32 MPa 增长到 112 MPa；随后温度下降至 -170℃，但冰的强度基本保持在 112~120 MPa 之间，如图 8.6 中 TPM 曲线。将孔隙冰增长曲线和水灰比为 0.4 的砂浆强度增加值曲线均绘在图 8.6 中，比较了冰的抗压强度、冰含量、砂浆强度三者之间的关系。

从图 8.6 中可以看出,超低温下冰的强度随温度的变化趋势与砂浆类似,在 0～
−120℃之间快速增长,随后趋于稳定。在 0～−80℃之间,冰的强度低于含水砂浆强度,
但此温度范围内,孔隙冰含量快速增加,毛细孔水、凝胶孔水几乎完全结冰,不可冻水也逐
渐结冰,砂浆超低温强度增强主要取决于冰的填充效应和强度增加。在−80～−170℃之
间,冰的抗压强度高于砂浆强度,砂浆强度的增长主要取决于冰的强度增长。

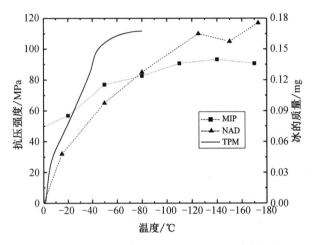

图 8.6　超低温下抗压强度、冰的质量与温度的关系

8.3.3　其他增强机制

除了冰的填充效应和冰强度的增加外,冰的黏结强度、冰的预应力作用以及冰的晶型
转变等也是超低温下水泥基材料强度增加的原因。

1. 黏结强度

冰的黏结强度随温度的降低而提高[27-29]。从−3℃降至−13℃,在剪切力作用下,冰
与亲水基材料的黏附强度随温度的降低而提高,最高可以达到冰的抗剪切强度,约
1.6 MPa[20]。文献[45]通过试验研究了冰在混凝土表面的压剪黏结强度,当温度从−2℃
降至−10℃时,冰在粗糙混凝土表面的黏结强度从 0.39 MPa 提高到 0.81 MPa。而且对
于亲水基材料,冰的拉伸黏结强度高于剪切力作用下的黏结强度[20]。

冰的填充作用和高黏结强度极大地改善了水泥基材料界面过渡区的结构,这也是超
低温下水泥基材料抗折强度增加更为明显的原因之一。

2. 冰的预应力作用

低温下冰的热膨胀系数为 $53×10^{-6} K^{-1}$,是混凝土的热膨胀系数($10×10^{-6} K^{-1}$)的
5 倍[17]。温度每下降 1℃,冰的收缩大于混凝土的收缩,在冰孔壁界面产生面向冰的拉
力,相当于对混凝土预加一个压应力,使得混凝土的抗拉强度进一步增加。

3. 冰的晶型转变

有研究发现,当温度达到−120℃时,混凝土的强度会出现降低,这主要是因为在
−120℃时孔隙中冰的结构由六方晶系转变为斜方晶系,体积减小 20%,材料致密性降低。

8.3.4　超低温下水泥基材料力学性能增强机理

对上述超低温下水泥基材料力学性能增强作用机制进行总结,可得图 8.7 所示的力学性能增强机理与相应作用温度范围。

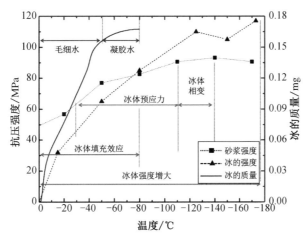

图 8.7　水泥基材料强度增强机理——冰的填充-黏结作用

超低温下孔隙水相变是水泥基材料力学性能增强的根本原因,其力学性能增强机理可以概括为以下四个方面:

(1) 冰的填充-黏结效应,主要作用于 $0 \sim -80℃$。在该温度范围内,孔隙水持续结冰,宏观孔(大于 50 nm)、微孔(小于 50 nm)、凝胶孔(小于 4 nm)逐步被冰晶体填充,材料内部微观结构更加紧密。冰的高黏结强度有利于增加材料内部作用力,使材料更加致密。

(2) 冰的抗压强度随温度的降低而提高,主要作用于 $0 \sim -120℃$。冰的抗压强度在 $0 \sim -120℃$ 之间不断提高,在 $-120 \sim -170℃$ 之间企稳。冰的黏结强度也有类似规律,且拉应力作用下的黏结强度远高于压应力作用下的黏结强度。

(3) 冰的预应力效应,主要作用于 $-20 \sim -120℃$。$-20℃$ 时,大部分孔隙水结冰,温度继续降低,冰的预应力作用进一步促进了材料强度的提高。

(4) 冰的晶型转变,温度在 $-120℃$ 时,冰的晶型由六方晶系转变为斜方晶系,体积减小 20%,材料致密性降低,强度不再提高,甚至出现下降。

8.4　超低温下水泥基材料冻融破坏机理

本节从孔隙水相变与迁移的角度,研究了超低温下水泥基材料冻融破坏过程与机理。

8.4.1　超低温冻融循环下水泥基材料孔隙水迁移

1. 封闭容器中的静水压

静水压理论中,水泥基材料被当作一个封闭容器。在完全饱水的孔隙中,孔隙水结冰,体积膨胀,若水分无法自由流动,将使孔隙溶液处于静水压作用下。静水压可用 Coussy 和 Monterio 的公式计算[46]:

$$P_L - P_{atm} \approx \left(\frac{V_C - V_L}{V_C}\right) \frac{\phi_C}{\phi_C/K_C + (1-\phi_C)/K_L} \tag{8.41}$$

式中,P_L 为静水压;P_{atm} 为大气压;V_C,V_L 为冰、水的摩尔体积;K_C,K_L 为冰、水的体积模量;ϕ_C 为冰的含量。

假设孔隙水结冰过程中,所有孔隙都有相同的静弹性模量,则结冰过程中材料的应变可通过下式计算:

$$\varepsilon_x \approx \left(\frac{1}{3K_p} - \frac{1}{3K_s}\right)\left[\phi_C p_A + (1-\phi_C)p_L\right] + \alpha\Delta T \tag{8.42}$$

式中,K_p 和 K_s 为多孔基体和固相的体积模量;α 为热膨胀系数;p_A 为冰晶对孔隙壁的压力。

文献[47]中给出了多孔复合材料中 K_p 和 K_s 的计算公式,对于低温下水泥砂浆有:

$$K_p \approx K_s\left(\frac{1-\phi_C}{1+\phi_C}\right) \tag{8.43}$$

若仅考虑静水压引起的材料应变,并将式(8.43)代入式(8.42)中,则

$$\varepsilon_{x-hydro} \approx \frac{2\phi_C(1-\phi_C)p_L}{3K_p(1+\phi_C)} \tag{8.44}$$

对于砂浆试样,各参数取值如下,具体数值亦可参考文献[48]。

$$V_C = 19.65 \text{ cm}^3/\text{mol}; \ V_L = 18.0 \text{ cm}^3/\text{mol}$$
$$K_C = 8.8 \text{ GPa}; \ K_L = 2.2 \text{ GPa}; \ K_p = 8.9 \text{ GPa}$$
$$P_{atm} = 101.325 \text{ kPa}$$

将以上参数代入式(8.41)、式(8.43)、式(8.44)中可得静水压与结冰量的关系式:

$$P_L = \frac{738.93\phi_C}{4 - 3\phi_C} + 0.101 \tag{8.45}$$

利用式(8.44)可进一步估算静水压引起的材料应变。当结冰量为10%时,水泥基材料内静水压为20.07 MPa,此时静水压引起的材料应变为 1.23×10^{-4}。当结冰量为20%时,水泥基材料内静水压为43.57 MPa,此时静水压引起的材料应变为 4.35×10^{-4}。

所用砂浆 28 d 抗压强度为 42 MPa,按 10% 估算其抗拉强度,则抗拉强度约为 4.2 MPa,此时对应应变大小为

$$\varepsilon_F \approx \frac{\sigma_T}{E_p} \approx 2.625 \times 10^{-4} \tag{8.46}$$

通过以上计算可知,当结冰量达到20%时,静水压引起的材料变形为砂浆极限应变

的 1 倍,材料破坏。而在 DSC 测试的净浆试样中,−7℃时其结冰量即可超过 20%,但实际情况下,水泥基材料的冻融破坏并没有如此迅速。此外,水泥基材料也不能完全视作封闭容器,仅以静水压来预测、评估水泥基材料的破坏过于简单:首先,材料内静水压的增大会进一步降低冰点,阻碍冰晶生长;其次,水泥基材料复杂的孔结构特点使其难以完全饱水,冻融过程中,水分迁移的存在使静水压理论不再适用。

2. 水泥基材料内部孔隙水迁移

为研究超低温冻融环境下孔隙水相变与迁移过程,保证样品孔结构的一致性,将水灰比为 0.33 的净浆试样置于 DSC 中进行 9 次 20～−80℃冻融循环,升降温速率为 3℃/min。DSC 中全程热流曲线如图 8.8 所示。

在 0 次、4 次、9 次 20～−80℃冻融循环后采用 1℃/min 的降温数据来表征孔隙水结冰过程,其结果如图 8.9 所示。从 8.9(a)热流曲线结果来看,随着冻融循环次数的增加,三个温度范围内的显著放热峰均向右漂移,表明各温度范围内的孔隙水有向大孔迁移的趋势。图 8.9(b)为三次测试过程中孔隙冰随温度的生长过程,从图中可以看出,未经受冻融循环时,样品中冰含量最高,经过 4 次冻融循环后,试样内冰含量明显降低,表明在气冻气融过程中,试样在 100 nm 的孔径范围内会有

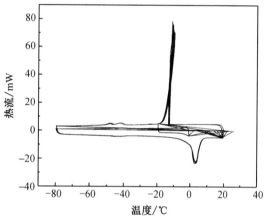

图 8.8　净浆试样在 DSC 中冻融循环全程热流曲线

失水的现象。这与图 8.9(a)中−10～−40℃之间,FT0 热流曲线高于 FT4 和 FT9 相对应。100 nm 孔径范围内的失水主要由两方面的原因构成:①净浆试样内部水分迁移至表面;②100 nm 孔径以下孔隙中水分迁移至邻近大孔。

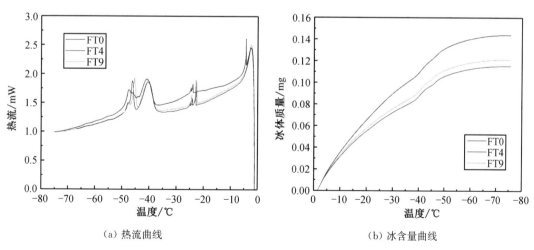

(a) 热流曲线　　　　　　　　　　　　(b) 冰含量曲线

图 8.9　不同 DSC 冻融循环次数后净浆试样的热流曲线和冰含量曲线

将图 8.9 (b) 中温度转换为孔径, 可以得到不同孔径范围内孔隙冰的含量, 如图 8.10 所示, 从图中可以看出, 经过 4 次冻融循环后, 孔隙冰减少主要发生在孔径 20 nm 以下的孔隙中, 在孔径大于 20 nm 的孔隙中变化不大。

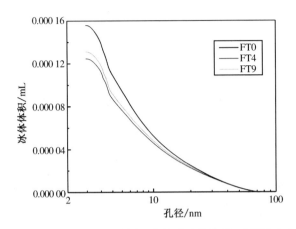

图 8.10 不同 DSC 冻融循环次数后冰体体积-孔径的分布

对水泥基材料超低温冻融循环性能和温度变形的研究中, 均发现与孔隙水迁移有关的现象, 并用渗透压理论和微冰晶理论解释了孔隙水迁移的原因：①结冰后的溶液的渗透压差导致孔隙水由小孔向大孔迁移；②从热力学角度来看, 冰表面势能更低, 水分向大孔中的冰面迁移。本节试验结果表明, 20 nm 孔径以下孔隙中的冰含量有所减少, 部分 20 nm 孔径以下孔隙水向邻近大孔中迁移。

3. 水泥基材料与外界水分交换

在 4.1 节研究砂浆超低温冻融循环性能时发现, 砂浆在超低温冻融循环过程中表现出强烈的低温泵吸作用。当外部水分存在时, 会在超低温冻融循环过程中不断吸水, 含水率持续提高, 导致材料自身过饱和。经过 24 次超低温冻融循环后, 材料饱水度为 129%。超低温冻融循环下低温泵吸作用的吸水效果十分显著, 强于实验室的真空饱水。饱水度超过 100% 也从侧面印证了即便是标准的真空饱水方法, 也难以使水泥基材料孔隙真正充满水分。

综上, 水泥基材料由于复杂的孔隙结构, 很难达到完全饱和, 在超低温冻融循环过程中, 存在两种水分迁移过程：①在结冰过程中, 20 nm 以下孔隙及凝胶孔中水分向邻近的更大孔隙中迁移, 表现为 20 nm 以下孔隙中水分流失, 孔隙水的迁移也导致凝胶孔隙水处于相对负压状态, 凝胶孔收缩, 材料宏观上表现为收缩, 如图 8.11 所示。②融化过程中, 细小孔隙处于失水状态, 在毛细作用下对外吸水, 宏观上表现为含水率提高, 饱水度提高。

8.4.2 超低温冻融循环后残余应变与孔结构破坏

5.5 节中对水泥基材料超低温冻融循环下温度变形的研究发现, 仅 3 次超低温冻融循环后, 水泥基材料产生约 200 $\mu\varepsilon$ 的残余应变。残余应变主要在 0～-50℃ 之间孔隙水结冰阶段产生, 是材料基体受损的结果。

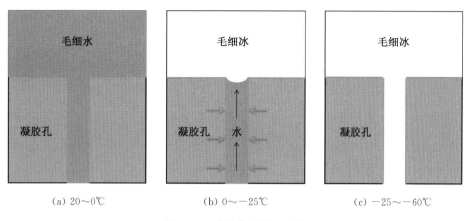

|（a）20~0℃|（b）0~−25℃|（c）−25~−60℃|

图 8.11　孔隙水迁移示意图

第 4 章中对水泥基材料超低温冻融循环后孔结构的研究结果表明，在超低温冻融循环初期，材料内部大孔周边产生大量微裂纹（孔径小于 20 nm），随后微裂纹逐步扩散、连通，形成较大的孔隙，最终导致材料 10~50 μm 的孔隙大幅增加，进而影响水泥基材料的力学性能。

残余应变与孔结构破坏均与水泥基材料超低温下孔隙水结冰、迁移高度相关，是超低温冻融破坏的表现结果。

8.4.3　水泥基材料超低温冻融破坏过程与机理

对于水泥基材料的冻融破坏理论模型，本书第 1 章系统地总结了静水压理论、渗透压理论、结晶压理论、微冰晶理论、黏结剥落理论和孔隙介质理论等 6 种经典的冻融破坏理论。需要指出的是，以上经典冻融破坏模型均是基于孔隙水结冰膨胀及其热力学过程推导得到的。各模型均有助于更加直观地理解冻融破坏过程与现象，但并不能全面解释冻融破坏机理。静水压、渗透压、结晶压从微观层面着手，有助于了解多孔材料冻融过程中水分迁移及局部受力状态，进而理解冻融破坏过程与机制。微冰晶理论则从宏观的热力学平衡角度出发，给出了冻融过程中水分迁移的可能路径，有助于理解冻融过程中水分传输过程。黏结剥落理论聚焦于混凝土表面的盐冻破坏。孔隙介质理论则统一了材料微观变形与宏观应变之间的关系，有较好的力学、变形计算模型，有助于了解冻融过程中多孔材料内外的受力状态。各冻融破坏模型均有其适用范围与条件，在超低温冻融破坏中应用以上模型时应予以充分考虑。

对于水泥基材料的超低温冻融破坏，笔者认为，超低温下水泥基材料内部孔隙水的相变、迁移及其所产生的边际效应是其破坏的主要因素。通过以上的研究结果可以总结出水泥基材料超低温冻融破坏的主要特点。

1. 超低温冻融破坏过程

水泥基材料超低温冻融破坏主要与孔隙水结冰、迁移有关。

结冰过程中，较大孔隙中水分先结冰，凝胶孔中水分向毛细孔迁移，20 nm 以下孔隙中水分流失,如图 8.10 所示。

融化过程中,水分不能在短时间内恢复到初始状态,在较大毛细孔附近形成水分局部集中。当外部水分存在时,表面附近细小孔隙在毛细作用下对外吸水,表现为材料含水率提高,饱水度提高。

随着冻融循环的进行,大孔附近形成局部过饱和,在结冰过程中冰晶体对孔隙壁带来较大结晶压,产生大量 20 nm 以下的微裂纹,随着含水率的进一步提高,大孔附近微裂纹再次饱水,在结晶压的作用下进一步破坏、扩展、连通形成较大孔隙($10 \sim 50 \ \mu m$),最终影响水泥基材料的力学性能。

2. 超低温冻融破坏与普通冻融破坏的区别

与普通冻融破坏相比,超低温冻融破坏更加快速,其主要原因有:

(1) 普通冻融最低温度为 -20℃,此时 8 nm 的孔隙水开始结冰,但仅 45% 的孔隙水结冰,仍有约 55% 的孔隙水未结冰。超低温下,剩余 55% 的孔隙水结冰将带来更大的体积膨胀、结晶压和残余应变。

(2) 超低温冻融循环过程中,凝胶孔中水分向更大孔中迁移,在较大毛细孔中形成水分局部集中,而凝胶孔处于失水状态。在融化阶段,若有外部水分可供交换,将利用毛细效应从外部吸水。冻融温度越低,孔隙水迁移越显著,低温泵吸作用越强,材料整体将处于过饱和状态,在下一次冻结过程中极易被破坏。

参考文献

[1] WILSON P W, HENEGHAN A F, HAYMET A D J. Ice nucleation in nature: supercooling point (SCP) measurements and the role of heterogeneous nucleation[J]. Cryobiology, 2003, 46(1): 88-98.

[2] LITVAN G G. The mechanism of frost action in concrete: Theory and practical implications[M]. National Research Council Canada, Institute for Research in Construction, 1988.

[3] LITVAN G G. Phase transitions of adsorbates: III. Heat effects and dimensional changes in nonequilibrium temperature cycles[J]. Journal of Colloid and Interface Science, 1972, 38(1): 75-83.

[4] LITVAN G G. Phase transitions of adsorbates: IV. Mechanism of frost action in hardened cement paste[J]. Journal of the American Ceramic Society, 1972, 55(1): 38-42.

[5] LITVAN G G. Phase transitions of adsorbates: VI. Effect of deicing agents on the freezing of cement paste[J]. Journal of the american Ceramic Society, 1975, 58(1-2): 26-30.

[6] BRUN M, LALLEMAND A, QUINSON JF, et al. A new method for the simultaneous determination of the size and shape of pores: The thermoporometry[J]. Thermochimica Acta, 1977, 21(1): 59-88.

[7] SUN Z, SCHERER GW. Pore size and shape in mortar by thermoporometry[J]. Cement and Concrete Research, 2010, 40(5): 740-751.

[8] SCHERER G W. Crystallization in pores[J]. Cement and Concrete research, 1999, 29(8): 1347-1358.

［9］ ISHIKIRIYAMA K，TODOKI M，MOTOMURA K. Pore size distribution（PSD）measurements of silica gels by means of differential scanning calorimetry：I. Optimization for determination of PSD［J］. Journal of Colloid and Interface Science，1995，171（1）：92-102.

［10］ ISHIKIRIYAMA K，TODOKI M. Pore size distribution measurements of silica gels by means of differential scanning calorimetry：II. Thermoporosimetry［J］. Journal of Colloid and Interface Science，1995，171（1）：103-111.

［11］ TOGNONG. Behaviour of mortars and concretes in the temperature range from +20℃ to -196℃［C］//Fifth International Symposium on the Chemistry of Cement，1968：229-249.

［12］ HANSEN E W，STÖCKER M，SCHMIDTR. Low-temperature phase transition of water confined in mesopores probed by NMR. Influence on pore size distribution［J］. The Journal of Physical Chemistry，1996，100（6）：2195-2200.

［13］ MARSHALL A L. Cryogenic concrete［J］. Cryogenics，1982，22（11）：555-565.

［14］ TOMBARI E，JOHARI G P. On the state of water in 2.4 nm cylindrical pores of MCM from dynamic and normal specific heat studies［J］. The Journal of Chemical Physics，2013，139（6）：064507.

［15］ OGUNI M，KANKE Y，NAMBAS. Thermal properties of the water confined within nanopores of silica MCM-41［C］//AIP Conference Proceedings. American Institute of Physics，2008，982（1）：34-38.

［16］ KITTAKA S，ISHIMARU S，KURANISHIM，et al. Enthalpy and interfacial free energy changes of water capillary condensed in mesoporous silica，MCM-41 and SBA-15［J］. Physical Chemistry Chemical Physics，2006，8（27）：3223-3231.

［17］ BELLISSENT-FUNEL MC. Status of experiments probing the dynamics of water in confinement［J］. The European Physical Journal E，2003，12（1）：83-92.

［18］ JOHARI G P. Thermal relaxation of water due to interfacial processes and phase equilibria in 1.8 nm pores of MCM-41［J］. Thermochimica Acta，2009，492（1-2）：29-36.

［19］ TOMBARI E，SALVETTI G，FERRARI C，et al. Thermodynamic functions of water and ice confined to 2 nm radius pores［J］. The Journal of Chemical Physics，2005，122（10）：104712.

［20］ CHATTERJI S. Aspects of the freezing process in a porous material-water system：Part 1. Freezing and the properties of water and ice［J］. Cement and Concrete Research，1999，29（4）：627-630.

［21］ 曾强.水泥基材料低温结晶过程孔隙力学研究［D］.北京：清华大学，2012.

［22］ MORISHIGE K，KAWANO K. Freezing and melting of water in a single cylindrical pore：The pore-size dependence of freezing and melting behavior［J］. The Journal of Chemical Physics，1999，110（10）：4867-4872.

［23］ SCHULSON E M，SWAINSON I P，HOLDEN TM，et al. Hexagonal ice in hardened cement［J］. Cement and Concrete Research，2000，30（2）：191-196.

［24］ WU X，PRAKASH V. Dynamic compressive behavior of ice at cryogenic temperatures［J］. Cold Regions Science and Technology，2015，118：1-13.

［25］ PETROVIC J J. Review mechanical properties of ice and snow［J］. Journal of Materials Science，2003，38（1）：1-6.

［26］ CURRIER J H，SCHULSON E M. The tensile strength of ice as a function of grain size［J］. Acta

Metallurgica，1982，30(8)：1511-1514.

[27] BASCOM W D，COTTINGTON R L，SINGLETERRY C R. Ice adhesion to hydrophilic and hydrophobic surfaces[J]. The Journal of Adhesion，1969，1(4)：246-263.

[28] JELLINEK H H G. Adhesive properties of ice[J]. Journal of Colloid Science，1959，14(3)：268-280.

[29] RARATY L E，TABOR D. The adhesion and strength properties of ice[J]. Proceedings of the Royal Society of London：Series A. Mathematical and Physical Sciences，1958，245 (1241)：184-201.

[30] FORD T F，NICHOLS O D. Shear characteristics of ice in bulk，at ice/solid interfaces，and at ice/lubricant/solid interfaces，and at ice/lubricant/solid interfaces in a laboratory device[R]. Naval Research Lab Washington DC，1961.

[31] WORK A，LIAN Y. A critical review of the measurement of ice adhesion to solid substrates[J]. Progress in Aerospace Sciences，2018，98：1-26.

[32] POWELL R W. Thermal conductivities and expansion coefficients of water and ice [J]. Advances in Physics，1958，7(26)：276-297.

[33] POWERS T C. A working hypothesis for further studies of frost resistance of concrete [J]. Journal of the American Concrete Institute，1945，16(4)：245-272.

[34] SCHERER GW. Freezing gels [J]. Journal of Non-Crystalline Solids，1993，155(1)：1-25.

[35] SETZER M J. Micro ice lens formation and frost damage[C]// Proceedings of International RILEM Workshop on Frost Damage in Concrete，2002：1. 89

[36] SETZER M J. Micro-ice-lens formation in porous solid[J]. Journal of Colloid and Interface Science，2001，243(1)：193-201.

[37] SETZER M J. Micro-ice-lens formation，artificial saturation and damage during freeze thaw attack [J]. Materials for Buildings and Structures，2000，6：175-182.

[38] PRIGOGINE I，DEFAY R. Chemical thermodynamics [M]. Longman，London，1954.

[39] SETZER M J. Mechanical stability criterion，triple-phase condition，and pressure differences of matter condensed in a porous matrix[J]. Journal of Colloid and Interface Science，2001，235(1)：170-182.

[40] MEHTA P K，MONTEIRO P J M. Concrete microstructure，properties and materials[M]. McGraw-Hill Professional，2006.

[41] 吴中伟.混凝土科学技术近期发展方向的探讨[J].硅酸盐学报，1979(3)：82-90.

[42] JONS E S，OSBAECK B. The effect of cement composition on strength described by a strength-porosity model[J]. Cement and Concrete Research，1982，12(2)：167-178.

[43] POWERS T C. Structure and physical properties of hardened Portland cement paste[J]. Journal of the American Ceramic Society，1958，41(1)：1-6.

[44] POWERS T C. Physical properties of cement paste[C]// Proceedings of the Fourth International Symposium on the Chemistry of Cement，1960，2：577-613.

[45] JIA Q，TIAN W，LU Y C，et al. Experimental study on adhesion strength of freshwater ice frozen to concrete slab[J]. Advanced Materials Research，2011，243：4587-4591.

[46] COUSSY O，MONTEIRO P J M. Poroelastic model for concrete exposed to freezing temperatures

[J]. Cement and Concrete Research，2008，38(1)：40-48.

[47] HASHIN Z，SHTRIKMAN S. A variational approach to the theory of the elastic behaviour of multiphase materials[J]. Journal of the Mechanics and Physics of Solids，1963，11(2)：127-140.

[48] SUN Z，SCHERER G W. Effect of air voids on salt scaling and internal freezing[J]. Cement and Concrete Research，2010，40(2)：260-270.